仿生群智能优化算法及在点云配准中的应用研究

马 卫 著

东南大学出版社
SOUTHEAST UNIVERSITY PRESS

·南京·

内 容 简 介

仿生群智能优化算法是一种模拟自然界中生物行为的目标优化策略，在工程优化问题中应用广泛。研究更加高效的仿生群智能优化策略并将其应用于解决复杂的三维点云配准问题具有理想的发展前景。本书介绍了这一领域的最新研究成果，侧重于改进的布谷鸟搜索算法和人工蜂群算法，利用模式搜索趋化、全局侦察策略和二阶振荡机制等提出了新的改进的群智能优化算法以提高算法的性能，并应用于解决点云配准优化问题。

本书可以作为信息类、人工智能、计算机图形学、生物学、计算机科学和系统理论等相关学科专业的科研工作者、工程技术人员、高等院校教师和学生的参考书或教科书。

图书在版编目(CIP)数据

仿生群智能优化算法及在点云配准中的应用研究/
马卫著.—南京：东南大学出版社，2021.10
ISBN 978-7-5641-9678-3

Ⅰ.①仿… Ⅱ.①马… Ⅲ.①仿生—最优化算
法—研究 Ⅳ.①Q811

中国版本图书馆 CIP 数据核字(2021)第 187044 号

仿生群智能优化算法及在点云配准中的应用研究
Fangshengqun Zhineng Youhua Suanfa Ji Zai Dianyun Peizhun Zhong De Yingyong Yanjiu

著　　者	马　卫	
出版发行	东南大学出版社	
社　　址	南京市四牌楼 2 号　邮编：210096	
出 版 人	江建中	
责任编辑	张丽萍	
经　　销	全国各地新华书店	
印　　刷	广东虎彩云印刷有限公司	
开　　本	700mm×1000mm　1/16	
印　　张	12.75	
字　　数	215 千字	
版　　次	2021 年 10 月第 1 版	
印　　次	2021 年 10 月第 1 次印刷	
书　　号	ISBN 978-7-5641-9678-3	
定　　价	56.00 元	

本社图书若有印装质量问题，请直接与营销部联系。电话(传真)：025-83791830

前　　言

　　仿生群智能优化算法是一种模拟自然界中生物行为的目标优化策略,在工程优化问题中有一定的应用。研究更加高效的仿生群智能优化策略并将其应用于解决复杂的三维点云配准问题具有理想的发展前景。本书侧重介绍了改进的布谷鸟搜索算法和人工蜂群算法,利用模式搜索趋化,全局侦察策略和二阶振荡机制等提出了新的改进的群智能优化算法以提高算法的性能,并应用于解决点云配准优化问题。

　　本书的创新性研究成果主要包括以下几个方面:

　　(1) 提出了一种基于模式搜索趋化的布谷鸟搜索算法

　　布谷鸟搜索算法是一种基于莱维飞行搜索策略的新型智能优化算法。然而单一的莱维飞行随机搜索更新策略存在局部开采能力受限和寻优精度不高等缺陷。为了解决这一问题,提出了一种改进的布谷鸟全局优化算法。该算法的主要特点在于以下三个方面:首先,采用全局探测和模式移动交替进行的模式搜索趋化策略,实现了布谷鸟莱维飞行的全局探测与模式搜索的局部优化的有机结合,从而避免盲目搜索,加强算法的局部开采能力;其次,采取自适应竞争机制动态选择最优解数量,实现了迭代过程搜索速度和解的多样性间的有效平衡;最后,采用优势集搜索机制,实现了最优解的有效合作分享,强化了优势经验的学习。该算法应用于数值函数优化问题,结果表明,算法不仅寻优精度和寻优率显著提高,鲁棒性强,且适合于多峰及复杂高维空间全局优化问题。与典型的改进布谷鸟优化算法以及其他群智能优化策略相比,其局部开采性能与寻优精度更具优势,效果更好。点云配准是三维数字处理技术的一个核心问题,而传统的点云配准方法对初始配准位置敏感并易陷入局部最优。利用仿生群智能优化算法可以有效地解决该类问题。采用基于模式搜索趋化的布谷鸟搜索来解决点云配准优化问题,在整个配准过程中先采用点云简化与特征点提取,然后利用改进的布谷鸟搜索全局优化方法进行目标函数的优化,获得点云变换矩阵的全局最优参数,再通过精配准获得最终的点云配准效果。通过不同的模型数据对算法的性能进行测试,结果表明,首次提出的基于改进布谷鸟全局优化算法的点云配准,在点云配准优化问题中,较好地解决了传统的迭代最近点配准算法对点云初始位置严重依赖的问题,有很好的抑制早熟的能力,提高了全局寻优能力,同时求解精度也比传统的迭代最近点配准算法大幅提高。在点云配准中有很好的鲁棒能力,具有较好的应用价值。

(2)提出了一种基于全局侦察搜索的人工蜂群算法

人工蜂群算法是近年来提出的模拟蜂群觅食行为的群智能优化算法。由于算法中侦察蜂逃逸行为的不足,使得该算法存在全局搜索性能不足、早熟收敛,易于陷入局部最优等问题。根据对最新的侦察蜂行为的研究成果表明,侦察蜂具有快速飞行、全局侦察并指导其他蜂群觅食的行为特征。算法利用蜂群觅食过程先由侦察蜂进行全局快速侦察蜜源并和其他蜂群相互协作的特征,提出了一种模拟自然界中侦察蜂全局快速侦察搜索改进的蜂群优化算法。首先,该算法由侦察蜂根据新的侦察搜索策略在所分配的子空间内进行大视域全局快速侦察,可以有效避免算法的早熟收敛,防止陷入局部最优;其次,侦察蜂群利用全局侦察的启发信息指导其他蜂群觅食搜索,两者相互协作共同实现算法的寻优性能,提高求解精度;最后,算法还引入预测与选择机制改进引领蜂和跟随蜂的搜索策略,进一步加强算法邻域局部搜索的性能。算法应用于数值函数优化问题,结果表明,与典型改进的人工蜂群算法和其他群智能优化改进算法相比,算法的全局搜索性能增强,能有效地避免早熟收敛,寻优精度显著提高,并能适用于高维空间的优化问题。

(3)提出了一种基于二阶振荡扰动的人工蜂群算法

人工蜂群算法是利用蜂群的角色分配,协同工作的机理形成的一套搜索策略。但是,在搜索后期,局部开采逐渐枯竭,全局侦察逃逸能力不足。算法在搜索后期,存在种群多样性不足,过快早熟收敛,常常表现为搜索能力强和开采能力弱,其实质是全局探索和局部开采能力的不平衡。为了解决这一问题,结合人工蜂群算法易与其他技术混合的优势,算法在雇佣蜂群觅食过程中,引入二阶振荡扰动策略,提出了一种基于异步变化学习的二阶振荡机制人工蜂群算法。首先,通过引入二阶振荡搜索机制有效地抑制过快早熟,增强局部搜索能力;其次,算法在搜索过程中利用扰动策略在迭代初期加强全局探测,增加空间搜索的多样性;最后,通过异步变化学习机制,算法在后期搜索过程中增强局部开采性能,从而加强求解精度。算法应用于数值函数优化问题,针对典型测试函数的实验结果表明,该算法能有效实现人工蜂群算法在全局探索和局部开采能力两者间的平衡,克服搜索性能不足,增加搜索的多样性,寻优率显著提高。与其他提出的典型策略相比,该算法具有较强的竞争优势。将异步变化学习的二阶振荡人工蜂群算法应用于三维点云配准问题。提出了一种基于改进的人工蜂群算法点云配准方法,通过对输入点云的均匀采样,并基于领域半径约束的固有形状特征点提取进一步简化点云,然后通过改进的人工蜂群算法完成对点云较好的初始配准,得到空间变换矩阵参数。最后通过 k-d tree 近邻搜索法加速对应点查找,以提高点云迭代最近点配准算法精细配准的效率。通过对不同初始位置的点云库模型和场景数据进行配准实验,验证结果表明该算法相比于传统的配准方法,抗噪性好,配准精度高,鲁棒性强。

　　本书由 6 章内容构成。第一章,绪论,论述了本课题的研究背景。阐述了仿生群智能优化算法的研究现状,重点介绍了布谷鸟搜索算法和人工蜂群算法近年来国内外的研究现状,提出了本书的研究思路和创新工作。第二章,仿生群智能优化及点云配准相关研究进展。本章对仿生群智能优化方法和点云配准应用相关技术的研究现状和最新进展进行了综述。在仿生群智能优化算法中,重点介绍了局部开采、全局勘探以及均衡搜索三个核心机制的主要方法;在点云配准的综述中,分别介绍了迭代最近点配准算法 ICP 及其改进策略、基于稳健统计和测量的方法、基于概率论的方法、基于特征对应的配准方法和基于群智能优化的点云配准方法。第三章,基于模式搜索的布谷鸟搜索算法。本章首先分析了布谷鸟搜索算法及其在求解复杂全局优化问题上的局限性,重点介绍了基于模式搜索机制的改进模型,并阐述了模式搜索趋化策略、自适应竞争排名构建机制和合作分享策略。同时,特别设计了数值优化实验和评价标准,以验证所提方法的有效性和先进性。最后,对算法的复杂性进行了分析与讨论。第四章,基于全局侦察搜索的人工蜂群算法。本章介绍了侦察蜂全局快速侦察生物机理,阐述了全局侦察策略模型的机制,包括侦察蜂的全局侦察机制和觅食蜂的局部邻域搜索机制。最后给出了详细的实验验证过程和结果,并对实验结果进行了分析和讨论。第五章,基于二阶振荡扰动的人工蜂群算法。本章介绍了二阶振荡扰动策略的搜索机制,阐述了异步变化学习因子和基于目标函数值的选择寻优策略,最后设计了数值仿真实验,给出了实验结果,以验证所提方法的有效性能。最后一章为总结与展望,总结本书工作并展望后续的研究工作。

　　最后,感谢东南大学出版社对本书出版的大力支持。感谢国家自然科学基金委员会信息科学部等的大力支持,本书相关研究工作得到了国家八六三科技攻关项目(2007AA01Z334)、国家自然科学基金项目(61272219)、江苏省产学研联合创新资金-前瞻性联合研究项目(BY2012190)、南京大学计算机软件新技术国家重点实验室-重点创新项目(ZZKT2016A11、ZZKT2018A09)、江苏省高校自然科学基金(15KJB520017、17KJB520013)、江苏省高校哲学社会科学研究项目(2016SJB630064、2020SJA0794)、江苏省青蓝工程学术带头人项目、文化和旅游部文化艺术职业教育和旅游职业教育提质培优行动计划"双师型"师资培养扶持项目、江苏省社科应用研究精品工程课题(21SYB-138)、南京旅游职业学院科研创新团队资助项目(2021KYTD04)的资助,在此深表感谢。

　　本书是作者近年来在该领域研究成果的系统总结,可作为进化计算、人工智能、计算机科学与技术、管理科学与工程、计算机图形学、系统科学等相关学科、专业的教师、学生和科研工作者的参考用书。由于作者水平有限,书中难免存在不当之处,恳请读者批评指正,不胜感激!

马衔

2021 年 8 月 16 日

目　　录

第一章　绪论 ………………………………………………………… 1

　1.1　研究背景 ……………………………………………………… 1

　1.2　仿生群智能优化算法研究现状 ……………………………… 3

　　1.2.1　布谷鸟搜索算法研究现状 ……………………………… 3

　　1.2.2　人工蜂群算法研究现状 ………………………………… 5

　1.3　本书研究思路 ………………………………………………… 7

　　1.3.1　问题的提出 ……………………………………………… 7

　　1.3.2　研究方案 ………………………………………………… 9

　1.4　本书研究工作 ………………………………………………… 10

　　1.4.1　本书工作 ………………………………………………… 10

　　1.4.2　本书结构 ………………………………………………… 12

第二章　仿生群智能优化及点云配准相关研究进展 ……………… 14

　2.1　概述 …………………………………………………………… 14

　2.2　局部开采 ……………………………………………………… 21

　2.3　全局勘探 ……………………………………………………… 22

　2.4　均衡搜索 ……………………………………………………… 24

　2.5　点云配准 ……………………………………………………… 26

　2.6　本章小结 ……………………………………………………… 29

第三章　基于模式搜索的布谷鸟搜索算法 ············· 30

3.1　引言 ··········· 30

3.2　布谷鸟搜索算法及局限性 ··········· 32

　3.2.1　布谷鸟的生物机理 ··········· 32

　3.2.2　布谷鸟搜索算法原理 ··········· 33

　3.2.3　布谷鸟搜索算法的特点 ··········· 37

　3.2.4　CS 算法求解全局优化问题的局限性 ··········· 38

3.3　PSCS 算法的基本策略 ··········· 38

　3.3.1　模式搜索趋化策略 ··········· 38

　3.3.2　自适应竞争排名构建机制 ··········· 40

　3.3.3　合作分享策略 ··········· 41

3.4　计算机数值仿真实验结果与算法比较 ··········· 43

　3.4.1　测试函数与评价标准 ··········· 43

　3.4.2　PSCS 算法参数设置 ··········· 51

　3.4.3　PSCS 与 CS 算法比较 ··········· 54

　3.4.4　与改进 CS 算法以及其他智能优化算法的比较 ··········· 64

3.5　算法复杂性的分析与讨论 ··········· 68

　3.5.1　复杂性分析 ··········· 68

　3.5.2　讨论 ··········· 69

3.6　算法在点云配准上的应用拓展 ··········· 70

　3.6.1　点云配准优化模型 ··········· 70

　3.6.2　点云简化与特征点提取 ··········· 71

　3.6.3　基于模式搜索布谷鸟算法的点云配准优化 ··········· 72

　3.6.4　实验结果与算法比较 ··········· 74

3.7　本章小结 ··········· 83

第四章　基于全局侦察搜索的人工蜂群算法 ·········· 84

　4.1　引言 ··············· 84

　4.2　人工蜂群算法和侦察蜂的生物机理 ········ 86

　　4.2.1　蜜蜂的群体采蜜机理 ············ 86

　　4.2.2　人工蜂群优化算法的原理 ·········· 87

　　4.2.3　人工蜂群优化算法的特点 ·········· 91

　　4.2.4　侦察蜂全局快速侦察的生物机理 ······· 91

　4.3　基于全局侦察策略改进的人工蜂群算法 ······ 93

　　4.3.1　相关定义 ················ 93

　　4.3.2　侦察蜂的全局侦察机制 ··········· 94

　　4.3.3　觅食蜂的局部邻域搜索机制 ········· 95

　　4.3.4　SABC 算法步骤 ············· 96

　4.4　计算机数值仿真实验结果与讨论 ········· 100

　　4.4.1　侦察蜂规模系数对收敛的影响 ········ 101

　　4.4.2　SABC 与 ABC 算法的实验对比 ······· 103

　　4.4.3　SABC 与 PS-ABC 算法的实验对比 ······ 106

　　4.4.4　算法对维数变化的影响 ··········· 108

　　4.4.5　与经典的不同算法的实验比较 ········ 112

　　4.4.6　计算时间复杂度分析 ············ 128

　4.5　本章小结 ············· 129

第五章　基于二阶振荡扰动的人工蜂群算法 ········· 130

　5.1　引言 ··············· 130

　5.2　基于二阶振荡扰动的人工蜂群算法 ········ 132

　　5.2.1　搜索机制 ················ 132

　　5.2.2　异步变化学习因子 ············· 133

    5.2.3　基于目标函数值的选择寻优 ·· 137

  5.3　数值仿真实验结果与分析 ·· 138

    5.3.1　基准测试函数 ·· 139

    5.3.2　参数设置 ·· 139

    5.3.3　所提算法与其他算法的实验比较 ································· 140

  5.4　二阶振荡扰动策略人工蜂群算法的点云配准优化 ········· 155

    5.4.1　SOABC 算法在点云配准中的应用 ······················· 155

    5.4.2　实验结果及算法分析 ··· 156

  5.5　本章小结 ··· 170

第六章　总结与展望 ·· 172

  6.1　本书工作总结 ··· 172

  6.2　下一步研究方向 ··· 174

致谢 ·· 176

参考文献 ·· 178

第一章

绪　　论

1.1　研究背景

优化是指在一定的约束范围内,选择合理的设计参数和有效的解决方案,来完成特定的问题。优化问题早已成为人们日常生活与工业生产中普遍存在的一类问题,是进化计算、计算机图形学、智能控制、计算机科学和人工智能等学科领域的重要研究课题。身为中美院士的何毓琦教授就曾认为,所有控制与决策问题其本质都是最优化问题。许多学者通过多年的研究与探索,将求解最优化问题逐步发展为一门重要的理论与应用学科。为了更好地解决现实生活中的各类复杂问题,各类优化策略与搜索机制应运而生。然而,随着研究问题的复杂性与规模化程度越来越高,传统优化方法的弊端与不足也逐渐显现,其在优化过程中常常表现出搜索效率不足、早熟收敛、易陷入局部最优等缺陷。同时,传统的优化方法在搜索与优化时,要求比较苛刻,如对目标函数和约束条件的严苛要求。所以,利用传统的优化方法解决复杂的工程优化问题也变得困难重重。国内外许多学者从仿生学的机理出发,利用大自然"物竞天择,适者生存"的天然法则来攻克传统优化方法所无法解决的研究难题。他们采用模拟自然界中昆虫、鸟类、鱼群、兽群等各种生物群体的特性,提出了一系列仿生群智能优化算法并应用于解决各类复杂的优化问题。目前,该领域早已成为国内外研究的热点,研究仿生群智能优化方法比传统优化方法能更快地发现复杂优化问题的最优解,更具现实意义和应用价值。

群智能(Swarm Intelligence, SI)算法是一种启发式的搜索策略,是通过对自然界群体行为机制的模拟,构造出一类具有正反馈、自适应和自组织的随机优化方法。这类策略能有效依靠生物自身的组织和适应机理来优化生物的行为和生存形态,最终实现通过协同运作的群体行为适应外界自然环境的目标,适用于解决各类复杂的优化问题。就个体而言,社会生物具有复杂的认知能力并表现出特定行为的能力。从群体角度来看,自然界的生物能够以分布式和并行的方式协作解决复杂的优化问题,而无须中央控制机制。如在自然界生物群体行为中存在一些特殊的现象:蚁群通过信息素的释放召唤同伴,最终形成了一条介于蚁穴和食物源之间的最短路径;鸟群利用飞行速度和距离信息,能够寻找到理想的追寻目标;鱼群往往聚集于食物最多的区域。通过对生物群体中个体之间行为机制的模仿,将生物个体与群体行为特点进行抽象模拟,并应用进化计算策略的设计模型,从而形成了一类基于仿生行为的群智能优化算法。

仿生群智能优化算法是基于目标函数值的评价信息,无须目标函数的梯度信息。由于仿生群智能优化算法的灵感是受自然界中各种生物行为和现象的启发,算法设计规则简单,实现便捷,在许多优化问题的求解任务中表现出比传统优化方法更加优异的性能。如粒子群算法(Particle Swarm Optimization,PSO)、蚁群算法(Ant Colony Optimization,ACO)、细菌觅食算法、鱼群算法、萤火虫算法(Firefly Algorithm,FA)等。仿生群智能优化算法已应用于各类复杂问题,早已成为当前热门的研究课题。在实际应用中,几乎所有的实际问题其本质都可以利用数学建模转化为目标函数优化问题,所以,函数优化问题是仿生群智能优化算法在实际应用领域的一个典型。函数优化是在工程、控制和决策中普遍存在的一类优化问题,其优化目标函数常常包含多个在一定范围内的连续变量,传统的优化手段对目标函数要求苛刻,如需要满足可导或者可微等。然而,现实中许多函数非常复杂,主要表现为多变量、多约束、非线性、非凸、不可微、多极值等特性。导致有些函数难以优化,容易陷入局部最优解而难以得到全局最好值,收敛速度较慢,容易产生早熟收敛现象。

近年来,国内外广泛掀起了仿生群智能优化算法的研究热潮,并取得了一些成果。其中具有代表性的策略有近年来提出的布谷鸟搜索算法(Cuckoo Search,CS)、人工蜂群算法(Artificial Bee Colony,ABC)。布谷鸟搜索算法最早是 Yang 于 2009 年提出的一种新颖的元启发式全局优化方法。该方法是模拟布谷鸟的寻窝产卵行为而设计出的一种基于莱维飞行(Lévy flights)机制的全空间的搜索策略,在求解全局优化问题中表现出较好的性能。人工蜂群算法是由土耳其埃尔吉耶斯大学 Karaboga 教授于 2005 年提出的一种模拟蜜蜂采蜜行为的随机搜索优化算法,该算法具有独特的角色分配机制,能较快地搜索到优化问题的解,具有广泛的适用性。目前,针对布谷鸟搜索算法和人工蜂群算法的搜索性能研究,取得了一些研究成果。两类算法与其他仿生群智能优化算法在求解精度和稳定性等方面进行了比较分析,表现出了其独特的性能优势。虽然这类仿生群智能优化算法在求解非线性、多极值、高维的复杂优化问题上比传统优化方法优势明显,然而,在进行复杂的函数优化时,也不可避免地存在收敛速度慢且易于陷入局部最优的不足,同时,算法和应用还存在较大的局限性。针对上述问题,本书进行了分析和研究,提出了几种改进的优化方法,希望能增强算法的搜索性能,增加搜索多样性,以解决收敛速度慢、评价代价高、不适合于求解高维空间优化问题等缺点。并在函数优化问题上进行了测试和验证,将改进的仿生群智能优化方法应用到三维数字点云配准问题中。当前,研究高效的仿生群智能优化算法求解复杂的优化问题和应用更具理论和实际意义。

1.2 仿生群智能优化算法研究现状

仿生群智能优化算法属于进化计算的范畴,受到生物学和心理学等学科的广泛关注,在许多领域都取得了广泛的应用。相关的研究成果最早于 20 世纪 90 年代初,在 MIT 出版社创办的首个国际期刊 *Evolutionary Computation*（《进化计算》）上进行发表。1992 年,创办了杂志 *Adaptive Behavior*（《自适应性行为》）。随后在 1996 年,由 IEEE（美国电气和电子工程师协会）出版的 *IEEE Transactions on Evolutionary Computation* 引起了国内外学者的广泛关注,IEEE 每年会举办一次进化计算大会（IEEE Congress on Evolutionary Computation）。国际计算机组织 ACM（Association for Computing Machinery）定期会举行遗传算法和进化计算方面的会议。关于智能计算和进化计算领域的群智能优化算法的研究成果常常发表于著名的国际期刊和会议上,这些高水平期刊和会议为该领域的研究提供了一个很好的交流平台,如 *IEEE Transactions on Cybernetics*、*Soft Computing*、*Information Sciences*、*Applied Soft Computing*、*European Journal of Operational Research* 和 *Computers & Operations Research* 等。几十年来,国内外学者提出了许多新颖的仿生群智能优化算法,其中布谷鸟搜索算法和人工蜂群算法在搜索性能上具有典型的代表性,下面将对这两类具有代表性的算法其目前的研究现状进行介绍。

1.2.1 布谷鸟搜索算法研究现状

布谷鸟搜索算法（Cuckoo Search, CS）是于 2009 年提出的一种新颖的元启发式全局优化方法。该方法是模拟布谷鸟的巢寄生行为而设计出的一种基于莱维飞行(Lévy flights)机制的全空间的搜索策略。在求解全局优化问题中表现出较好的性能。该算法具有选用参数少,全局搜索能力强,计算速度快和易于实现等优点,与粒子群优化算法和差分演化算法相比具有一定的竞争力。然而,CS算法作为一种新的全局优化方法,搜索性能还有待提高。为此,一些学者对该算法的全局寻优性能进行了改进,目前的研究主要分为三个方面:

第一,CS算法在局部搜索机制方面的改进研究。Valian等学者提出利用参数自适应机制改进搜索步长与发现概率的ICS(Improved Cuckoo Search Algorithm)算法,从而提高了函数优化质量。此外,还有一些学者提出改进搜索机制中的步长、动态自适应、逐维改进机制以及合作协同进化策略等。这类改进算法在一定程度上提高了算法的搜索性能,取得了很好的寻优效果。然而单一的搜索策略在解决复杂的多维空间优化问题时,往往难以兼顾全局搜索与局部寻优的能力。

第二,CS算法与其他算法的混合策略。一些学者提出了用CS算法与其他算法杂交混合的策略(Hybrid Cuckoo Search, HCS)。如文献[29]提出的一种CSPSO(Cuckoo Search algorithm and Particle Swarm Optimization)算法,利用PSO算法与CS莱维飞行策略杂交混合来达到一定的搜索性能。Wang等人也是将CS与PSO有机结合来提高搜索性能,取得了很好的改进效果。Salimi等人将修改的CS与共轭梯度法进行混合,Li等人提出了OLCS(Orthogonal Learning Cuckoo Search algorithm)算法,在莱维飞行随机游动之后结合正交学习机制进行搜索,从而增强了算法策略的寻优性能。文献[46]使用K-调和均值聚类算法与CSPSO算法相结合,搜索半径采用新的方程式计算,能快速收敛到全局最优。Zhou等将CS算法与ABC算法混合,应用于云制造中的优化组合与选择。这类算法加强了算法的搜索机制,可以取得更好的效果,但会增加算法的复杂性,并且在解决复杂问题及高维空间优化时,适应能力与鲁棒性不够,使得搜索效果不够理想。文献[48][49]将混沌理论引入CS算法,改善算法收敛速度慢和易陷入局部最优等缺点,提高了算法的全局搜索能力。文献[50]采用Tent映射混沌序列进行改进,并完成图像分割的应用,提升了图像分割精度。Boushaki等人采用量子混沌CS算法改善搜索过程,解决数据聚类问题。混沌CS算法可用于解决实际工程问题,但是由于某些数据集收敛速度仍然很慢,在总体变量的优化上还有待加强。

第三,CS 算法的应用研究。Layeb 提出了一种量子布谷鸟搜索(Quantum Cuckoo Search,QCS)算法,通过给算法增加量子行为提出了一个 CS 的变体,称之为量子 CS,并应用于解决背包问题。Walton 等人提出了修改的布谷鸟搜索被用来优化网格生成。Ouaarab 等人提出了离散布谷鸟搜索(Discrete Cuckoo Search,DCS)算法并将其应用于解决旅行商问题。Chandrasekaran 和 Simon 提出了离散多目标布谷鸟搜索(Discrete Multi-objective Cuckoo Search,DMOCS)算法,用来解决多目标调度问题。CS 算法在工程设计、数据挖掘、神经网络训练、结构优化、多目标优化以及全局最优化等领域都得到了一定程度的应用。

1.2.2　人工蜂群算法研究现状

人工蜂群算法(Artificial Bee Colony,ABC)是 2005 年提出的一种模拟蜜蜂采蜜行为的随机搜索优化算法,算法采用蜂群觅食的方式来生成问题的解,从而解决现实生活中的诸多问题。该算法具有独特的角色分配机制,能快速地搜索到优化问题的解。同时,该算法利用蜂群的角色分配、分工协作以及正反馈机制,使得算法更加灵活,全局寻优能力强,有较好的搜索性能,并易与其他技术结合来提高原算法的效率,用以解决连续优化以及求解组合优化问题,具有广泛的适用性。随后,Karaboga 等人进一步将其发展并与遗传算法(Genetic Algorithm,GA)、粒子群算法、粒子群进化算法(Particle Swarm Inspired Evolutionary Algorithm,PS-EA)、差分进化算法(Differential Evolution,DE)、进化算法(Evolutionary Algorithms,EA)等算法进行了性能比较,与其他群智能算法相比,ABC 算法控制参数少,搜索性能有其独特的优越性。

ABC 算法是一个最早用来求解函数优化问题的数学模型,由于函数优化是一个连续域优化问题,因而求解复杂,求解精度要求较高。然而,与其他全局优化算法一样,传统的 ABC 算法也存在着早熟收敛、后期收敛速度变慢、易陷入局部最优解的缺点。目前关于 ABC 算法优化的研究主要包含三个方面:

第一,ABC 算法搜索机制的改进研究。一些学者用 ABC 算法进行函数优化的另一途径是对最初的 ABC 算法进行搜索机制的局部改进,使其能较好地应用于连续空间优化问题。诸如 Zhu 等学者提出的 GABC(Gbest-guided Artificial Bee Colony),利用全局最好解(gbest)指导搜索;Banharnsakun 等提出一种改进跟随蜂的搜索机制来提高搜索精度;MABC(Modified Artificial Bee

Colony)则利用混沌初始化,利用 DE 变异操作加强搜索,并取消概率选择和侦察蜂搜索机制;Akay 等提出采用频率和幅度扰动两个新的搜索模式提高收敛速度改进的蜂群优化算法;PS-ABC(Prediction and Selection Artificial Bee Colony)则是改进雇佣蜂和跟随蜂的搜索机制,提出利用全局最好解、惯性权重、加速系数的 IABC(Improved Artificial Bee Colony)算法,并提出混合三种搜索机制进行预测和选择的 PSABC 算法;NABC(New Artificial Bee Colony)改进雇佣蜂和跟随蜂的搜索机制,构建候选解池存储当前蜂群的较好解;MF-ABC(Modified Foraging Artificial Bee Colony)改进跟随蜂的搜索机制,从而增加食物源的多样性。Xiang 等人提出了一种混合进化算法 hABCDE,它将 ABC 算法与基于种群突变机制的 DE 算法相结合。该算法适用于求解全局数值优化问题。PS-MEABC(Particle Swarm-inspired Multi-Elitist ABC)采用基于 ABC 算法的全局最优解和多精英保存策略指导食物源的搜索。Wang 等人提出一种新的多策略集成 ABC 算法(MEABC),利用解决方案搜索策略的不同,在搜索过程中来平衡勘探和开采的能力。EABC 由 Gao 等人提出,其利用两个新的搜索方程,用于在雇佣蜜蜂和跟随蜂阶段生成候选解,这些方程有效地提高了算法的搜索性能。Bansal 等人提出了一种自适应 ABC 算法(SAABC),该算法在搜索过程中的步长和参数限制是根据当前的适应度值自适应地进行设置。Sharma 和 Pant 于 2013 年提出了一种 IABC greedy 算法,从而使得搜索行为总是向具有最佳适应度值的解向量移动。为了提高 ABC 算法的开采能力,文献[90]提取有影响力的维度增强搜索力度。

第二,ABC 算法与其他算法杂交混合策略。一些学者研究了用 ABC 算法与其他算法杂交混合的搜索策略,例如 IABC(Improved Artificial Bee Colony)、RABC(Rosenbrock Artificial Bee Colony)、HHSABC(Hybrid Harmony Search with Artificial Bee Colony)等。其中,IABC 利用一个参数 q 控制 ABC/best/1 和 ABC/rand/1 两种搜索模式;RABC 算法结合 Rosenbrock 旋转方向的方法局部优化,利用 ABC 进行全局搜索;HHSABC 则是结合声搜索和蜂群的混合算法,来达到良好的全局搜索性能。Ozturk 等提出了一种 GB-ABC 法,采用遗传算法中的操作交叉互换来进行二进制的优化。Kefayat 等提出将蚁群算法与人工蜂群算法相结合,并应用于分布式能源系统中,取得了良好的效果。

第三,ABC 算法的应用研究。目前,人工蜂群算法不仅在离散优化领域中得到了较广泛的应用,而且能成功地应用于其他各类问题,并取得了良好的优化效果。如:函数优化问题、神经网络训练、无线传感网、滤波器设计、聚类分析、约束优化问题、可靠性冗余分配问题、作业车间调度问题、约束车辆路径问题、优化二元结构性问题、电力问题、图像对比增强等。

1.3 本书研究思路

本书以函数优化问题与三维点云配准为应用背景,以布谷鸟搜索算法和人工蜂群算法的性能提高与优化为目标,在总结已有的算法改进策略和三维点云配准应用的基础上,根据算法的局部开采、全局勘探和均衡搜索的性能特点,探索和研究仿生群智能优化算法的优化难题。

1.3.1 问题的提出

随着国内外学者研究的不断深入,仿生群智能优化算法通过不断地改进完善,在实际应用中取得了一定的成果。但这类算法在搜索策略的均衡性、收敛性能、求解质量和鲁棒性能等方面仍有待提高。随着优化问题规模的不断扩大,算法的延展性能还需要进一步的研究,算法在工程优化问题上还需要进一步推广。

问题1:如何解决布谷鸟搜索机制中单一的莱维飞行随机搜索策略局部开采性能不足,求解精度不高,从而提高算法优化的收敛速度,增强搜索活力的问题?(局部开采)

布谷鸟搜索算法是一种基于莱维飞行搜索策略的元启发式优化算法。其搜索步长服从重尾分布,重尾分布的特点常常表现为以较大的概率在局部位置进行大幅度的切换,从而避免陷入搜索的局部最优,以扩大全局空间的搜索范围。该机制单一的飞行机理具有很大的搜索盲目性,从而导致局部搜索性能不足,寻优精度不高。布谷鸟搜索算法对新搜寻的位置评价后会通过贪婪方式选择较好的解,保存全局最优位置,而全局优化问题的多极值导致布谷鸟搜索算法易陷入局部最优,产生早熟收敛。此外,布谷鸟搜索算法是以一定概率放弃部分解而采用偏好随机游动方式重新生成新解来增加搜索位置的多样性,却忽视了学习与继承种群内优势群体的优良经验,增加了搜索空间的计算量与时间复杂度。虽然CS算法全局探测能力优异,但其局部搜索性能相对不足,为了解决这类问题,可以通过引入具有局部开采能力优势的搜索机制,来增强布谷鸟搜索算法的局部寻优能力。

问题2:如何解决人工蜂群算法中侦察蜂逃逸行为受限,全局探测能力不足,从而避免算,法后期早熟收敛,易陷入局部最优的问题,并能适应复杂高维空间优化问题?（全局勘探）

人工蜂群算法是一种模拟蜜蜂采蜜行为的随机搜索优化算法,通过蜜蜂个体的局部寻优行为来凸显全局最优结果的寻优方法。搜索过程中每个引领蜂都预先设定一个控制参数,用以记录每个蜜源被循环更新的次数。如果存在某个蜜源被循环更新的次数达到控制参数设定的最大上限后收益度仍未提高,那么该蜜源被认为枯竭而被舍弃。传统的人工蜂群算法处理的方式为将与之对应的引领蜂转为一只虚拟的侦察蜂在解空间中随机搜索新的蜜源。其邻域搜索方式并未采用任何对比信息,仅在某个食物源周围随机选取一个蜜源位置进行更新。换言之,随机选取的食物源的优劣的概率是相等的,没有预测与选择机制,会使得算法的搜索能力受限。基于预测与选择的邻域搜索机制,不仅利用侦察蜂全局侦察的信息,同时结合局部搜索过程中的预测与选择,进一步加强了局部寻优能力,提高了搜索精度。为了解决侦察蜂逃逸行为不足,提高算法的全局探索能力,可以从蜂群的仿生机理出发,利用蜂群觅食过程先由侦察蜂全局快速侦察蜜源并和其他蜂群相互协作的特征,模拟侦察蜂全局快速侦察搜索的特性,当搜寻的蜜源出现枯竭时根据侦察蜂新的侦察机制将吸引觅食蜂寻找新的、收益度更高的蜜源,从而替代原先算法中的随机搜索。这样有助于弥补传统算法中侦察蜂逃逸行为的不足,提高全局侦察指导能力,防止陷入局部最优。同时,为了更好地提高求解质量,可以通过混合预测与选择机制构建精英群体来指导蜂群觅食寻优,以提高搜索速度,适应高维空间优化问题,提高算法的延展性能。

问题3:如何解决人工蜂群算法全局勘探和局部开采能力的平衡,从而有效克服搜索性能的不足,增加搜索的多样性?（搜索均衡）

人工蜂群算法是利用蜂群的角色分配,协同工作的机理形成的一套搜索策略。但是,在搜索后期,蜜源局部开采逐渐枯竭,全局侦察逃逸能力不足,常常表现为种群多样性严重不足,过快早熟收敛。如何平衡算法的全局勘探和局部开采性能成为该算法亟待解决的难题。因此,需要考虑在雇佣蜂群觅食过程中引入适当的扰动策略改进人工蜂群算法的搜索机制,从而抑制其过快早熟,增强局部搜索能力,强化迭代初期的全局勘探能力。使得算法在搜索过程中在迭代初期加强全局探测,增加空间搜索的多样性;在迭代后期搜索更具局部开采性能,从而加强求解精度,实现全局探索和局部开采能力的有效平衡,使得算法能有效避免早熟收敛,且寻优精度和寻优率显著提高。

问题 4:如何解决传统的点云配准算法受限于点云初始位置,易陷入局部最优的问题,从而对任意位置的目标点云实现有效的快速全局三维点云配准?(点云配准应用)

三维点云配准问题是三维数据处理的关键步骤,配准结果的优劣对后续三维建模有着直接的影响。然而,传统的配准方法对点云的初始位置要求较高,当数据本身存在高噪声、离群点等会影响配准的精度;此外,在数据采集过程中,因三维扫描仪的自遮挡、视角和光线等问题,存在数据获取的缺失或部分重合等问题,导致后期配准对应关系难以寻找,搜索难度较大。三维点云配准的本质是寻找两片点云的最优变换参数,可以转换为求解最优化的问题。仿生群智能优化算法在求解优化问题方面具有较好的全局搜索性能,所以利用仿生群智能优化算法来优化点云配准问题,使得任意目标点云数据都能实现快速全局配准。以点云数据相似性度量为准则,对仿生群智能优化算法的目标函数进行改进,针对散乱点云数据进行全局搜索,探寻最佳配准位置,实现全局配准最优。传统的点云配准优化方法大多依靠从点云数据中提取的特征点或轮廓曲线等特征标签,普遍存在鲁棒性不够稳定、速度较慢、易陷入局部最优等问题。本书先对原始点云模型进行简化和特征点提取,解决直接对所有点云使用仿生群智能优化配准存在计算量大、效率较低的问题;进一步通过对改进的仿生群智能优化算法,尤其是基于对模式搜索的布谷鸟优化算法和基于二阶振荡扰动的人工蜂群算法的深入研究,解决传统点云配准方法对初始位置敏感、复杂度高、易于陷入全局最优等问题,以期实现简洁、快速、高精度的点云配准,达到全局最优的配准效果。

1.3.2 研究方案

本研究是优化理论与方法的基础研究,内容涉及进化计算、人工智能、计算机图形学、生物学、计算机科学和系统理论等诸多学科,采用的研究方法包括理论研究、方法研究、实验研究和应用研究。

在理论方面,对布谷鸟搜索和人工蜂群觅食的生物机理进行分析,深入探讨布谷鸟的莱维飞行机制;对人工蜂群算法的角色分工协作行为进行分析,探索了侦察蜂群全局侦察搜索的生物机理。

在方法方面,将模式搜索机制嵌入到布谷鸟搜索算法,构建基于模式搜索机制的布谷鸟搜索算法模型。同时,研究了一种基于全局侦察策略的人工蜂群算法,并引入了二阶振荡扰动机制,研究了一种基于二阶振荡扰动的人工蜂群算法。

在实验方面,利用仿生群智能优化算法中常用的高维多模标准测试函数,对现有算法及改进策略在收敛性、鲁棒性、算法精度及计算复杂程度等方面进行了测试。

在应用方面,利用上述的改进算法,对三维数字建模、逆向工程中所遇到的点云配准问题进行应用并进行比较分析。本研究的具体技术路线如图 1.1 所示。

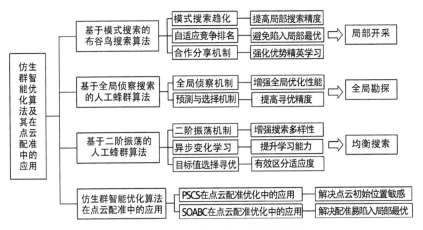

图 1.1   研究工作的技术路线示意图

1.4   本书研究工作

根据以上研究思路,本节给出了论文的主要研究工作和结构安排。

1.4.1   本书工作

本书的创新性成果主要包括以下几个方面:

（1）提出了一种基于模式搜索趋化的布谷鸟搜索算法

布谷鸟搜索算法是一种基于莱维飞行搜索策略的新型智能优化算法。然而单一的莱维飞行随机搜索更新策略存在局部开采能力受限和寻优精度不高等缺陷。为了解决这一问题，提出了一种基于模式搜索趋化的布谷鸟搜索算法。该算法的主要特点在于以下三个方面：首先，采用全局探测和模式移动交替进行的模式搜索趋化策略，实现了布谷鸟莱维飞行的全局探测与模式搜索的局部优化的有机结合，从而避免盲目搜索，加强算法的局部开采能力；其次，采取自适应竞争机制动态选择最优解数量，实现了迭代过程搜索速度和解的多样性间的有效平衡。最后，采用优势集搜索机制，实现了最优解的有效合作分享，强化了优势经验的学习。该算法应用于数值函数优化问题，结果表明，算法不仅寻优精度和寻优率显著提高，鲁棒性强，且适合于多峰及复杂高维空间全局优化问题。与典型的改进布谷鸟搜索算法以及其他群智能优化策略相比，其局部开采性能与寻优精度更具优势，效果更好。点云配准是三维数字处理技术的一个核心问题，而传统的点云配准方法对初始配准位置敏感并易陷入局部最优。利用仿生群智能优化算法可以有效地解决该类问题。采用基于模式搜索趋化的布谷鸟搜索来解决点云配准优化问题，在整个配准过程中先采用点云简化与特征点提取，然后利用改进的布谷鸟搜索全局优化方法进行目标函数的优化，获得点云变换矩阵的全局最优参数，再通过精配准获得最终的点云配准效果。通过不同的模型数据对算法的性能进行测试，结果表明，首次提出的基于改进布谷鸟全局优化算法的点云配准，在点云配准优化问题中较好地解决了传统的迭代最近点配准算法对点云初始位置严重依赖的问题，具备很好地抑制早熟的能力，提高了全局寻优能力，同时求解精度也相比于传统的迭代最近点云配准算法大幅提高。在点云配准中有很好的鲁棒能力，具有较好的应用价值。

（2）提出了一种基于全局侦察搜索的人工蜂群算法

人工蜂群算法是近年来提出的模拟蜂群觅食行为的仿生群智能优化算法。由于算法中侦察蜂逃逸行为的不足，使得该算法存在全局搜索性能不足、早熟收敛和易陷入局部最优等问题。根据对最新的侦察蜂行为的研究成果表明，侦察蜂具有快速飞行、全局侦察并指导其他蜂群觅食的行为特征。利用蜂群觅食过程先由侦察蜂进行全局快速侦察蜜源并和其他蜂群相互协作的特征，提出了一种模拟自然界中侦察蜂全局快速侦察搜索的人工蜂群算法。首先，该算法由侦察蜂根据新的侦察搜索策略在所分配的子空间内进行大视域全局快速侦察，可以有效避免算法的早熟收敛,防止陷入局部最优。其次,侦察蜂群利用全局侦察的启发信息指导其他蜂群觅食搜索,两者相互协作共同实现算法的寻优性能,提高求解精度。最后,还引入预测与选择机制改进引领蜂和跟随蜂的搜索策略,进一步加强算法邻域局部搜索的性能。将该算法应用于数值函数优化问题,结果表明,与典型改进的人工蜂群算法和其他群智能优化改进算法相比,该算法的全局搜索性能增强,能有效地避免早熟收敛,寻优精度显著提高,并能适用于高维空间的优化问题。

(3) 提出了一种基于二阶振荡扰动的人工蜂群算法

人工蜂群算法是利用蜂群的角色分配,协同工作的机理形成的一套搜索策略。但是,在搜索后期,局部开采逐渐枯竭,全局侦察逃逸能力不足。在人工蜂群算法的搜索后期,存在种群多样性不足,过快早熟收敛等问题,常常表现为搜索能力强和开采能力弱,其实质是全局探索和局部开采能力的不平衡。为了解决这一问题,结合人工蜂群算法易与其他技术混合的优势,算法在雇佣蜂群觅食过程中,引入二阶振荡扰动策略,提出了一种基于异步变化学习的二阶振荡机制人工蜂群算法。首先,通过引入二阶振荡搜索机制有效地抑制过快早熟,增强局部搜索能力。其次,在搜索过程中利用扰动策略在迭代初期加强全局探测,增加空间搜索的多样性。最后,通过异步变化学习机制,在后期搜索过程中增强局部开采性能,从而加强求解精度。将该算法应用于数值函数优化问题,针对典型测试函数的实验结果表明,该算法能有效实现人工蜂群算法在全局探索和局部开采能力两者间的平衡,克服搜索性能不足,增加搜索的多样性,寻优率显著提高。与其他典型策略相比,该算法具有较强的竞争优势。将二阶振荡扰动的人工蜂群算法应用于三维点云配准问题,提出了一种基于二阶振荡扰动的人工蜂群算法点云配准方法,对输入的点云进行均匀采样,并基于领域半径约束的固有形状特征点提取以进一步简化点云,然后通过改进的人工蜂群算法完成对点云较好的初始配准,得到空间变换矩阵参数。最后通过 k-d tree 近邻搜索法加速对应点查找,以提高点云迭代最近点配准算法精细配准的效率。通过对不同初始位置的点云库模型和场景数据进行配准实验,验证结果表明该算法相比于传统的配准方法,抗噪性好,配准精度高,鲁棒性强。

1.4.2 本书结构

本书各章的具体内容概括如下:

第一章,绪论。本章论述了本课题的研究背景,阐述了仿生群智能优化算法的研究现状,重点介绍了布谷鸟搜索算法和人工蜂群算法近年来国内外的研究现状,提出了本书的研究思路和本书的创新工作。

第二章,仿生群智能优化及点云配准相关研究进展。本章对仿生群智能优化方法和点云配准应用相关技术的研究现状和最新进展进行了综述。在仿生群智能优化算法中,重点介绍了局部开采、全局勘探以及均衡搜索三个核心机制的主要方法;在点云配准的综述中,分别介绍了迭代最近点配准算法 ICP 及其改进策略、基于稳健统计和测量的方法、基于概率论的方法、基于特征对应的配准方法和基于群智能优化的点云配准方法。

第三章,基于模式搜索的布谷鸟搜索算法。本章首先分析了布谷鸟搜索算法及其在求解复杂全局优化问题上的局限性,重点介绍了基于模式搜索机制的改进模型,并阐述了模式搜索趋化策略、自适应竞争排名构建机制和合作分享策略。同时,特别设计了数值优化实验和评价标准,以验证所提方法的有效性和先进性。最后,对算法的复杂性进行了分析与讨论。

第四章,基于全局侦察搜索的人工蜂群算法。本章介绍了侦察蜂全局快速侦察生物机理,阐述了全局侦察策略模型的机制,包括侦察蜂的全局侦察机制和觅食蜂的局部邻域搜索机制。最后给出了详细的实验验证过程和结果,并对实验结果进行了分析和讨论。

第五章,基于二阶振荡扰动的人工蜂群算法。本章介绍了二阶振荡扰动策略的搜索机制,阐述了异步变化学习因子和基于目标函数值的选择寻优策略,最后设计了数值仿真实验,给出了实验结果,以验证所提方法的有效性能。

第六章,总结与展望。总结本书工作并展望后续的研究工作。

第二章

仿生群智能优化及点云配准相关研究进展

近年来,研究人员从仿生学的机理中得到启发,提出了许多应用于求解优化问题的新的仿生群智能优化的方法,如人工蜂群算法、布谷鸟搜索算法等。仿生群智能优化算法能应用于多种行业,能促进相关领域的技术进步,因而成为当前国际上一个非常热门的研究课题。近几年,这类新的仿生群智能优化算法在国内外已引起了广泛的研究热潮,同时也取得了许多方面的应用。

2.1 概述

优化问题是日常生活和生产实践中普遍存在的一类问题。其主要目标是通过计算一组参数或一种方案获得求解问题的最优的度量指标。所以,优化问题从数学角度来看即为寻求极值的问题,在若干不等式或等式约束条件下,通过一定的优化方法求某一变量,使得求解的目标函数达到最大值或最小值。通常情况下,本书所有优化问题都是求解目标的最小值,对于最大值的求解问题可由最小值求解问题进行转化求解。最优化问题可以根据不同的划分标准分为多种类型:如果按时间进行分类,包括静态优化问题和动态优化问题;如果按性质不同,可分为确定性优化问题和随机优化问题;如果从函数关系上进行区别,可分为线性优化问题和非线性优化问题;从目标个数上分,可包括单目标优化问题和多目标优化问题;从峰值个数上分,可分为单峰值优化问题和多峰值优化问题;从约束条件上看,可分为无约束优化问题和约束优化问题;从变量性质上分,可分为连续优化问题和离散优化问题;此外,求解最优化问题按其优化的技术手段分为针对局部的最优化问题和针对全局的最优化问题。尽管各种优化问题之间存在着巨大的差异,但都可以将这些问题用数学语言抽象为一类优化问题模型。

通常来看,优化问题基本包含目标函数、求解域和约束条件三个因素。目标函数采用目标函数值的大小来衡量求解问题的优劣;求解域用来确定变量的取值范围;约束条件表示满足求解问题的约束条件的解。许多科学和工程问题

都可以归结为有约束条件的最优化问题,并可用如下数学公式加以表达:

$$\min_{x \in S} f(x) \quad 基于 \ g(x) \tag{2.1}$$

其中,S 是求解域,f 是目标函数,g 是约束条件集合。各种最优化问题可以根据 S,f 和 g 的特点加以分类。如果 f 和 g 都是线性函数,则上式(2.1)所描述的是一个易于求解的线性最优化问题。否则,便成为较难解决的非线性最优化问题。线性规划是一类典型的线性最优化问题,其约束条件的形式为 $g(x) \geqslant 0$ 或 $g(x) = 0$。线性规划问题可以用简单的算法求解,并能在有限步骤内求得最优解。然而,在工程和其他领域中遇到的问题有很多都属于"难以求解"的一类问题,无法使用确定性算法求解。通过目标函数值的比较来反映解的优劣,求解最优化问题一般要求在合理或者可接受的时间范围内找到最优化问题的最优解或者满意解。

优化方法是一门既古老但又生机勃勃的科学,最早的优化理论和方法可以追溯到微积分的诞生年代。然而,直到 20 世纪三四十年代,由于在航天和军事等领域研究的迫切需要,该领域的研究有了蓬勃的发展。后来,伴随着电子计算机的问世和计算机硬件的迅猛发展,使得进行优化设计的费用大幅度下降,于是基于迭代原理的各种数值优化方法,如单纯形法、共轭方向法、罚函数法等得以产生并广泛应用于工业生产、工程设计、经济管理等许多重要领域。我们将求解最优化问题的方法分为传统的优化方法和群智能优化算法,如图 2.1 所示。

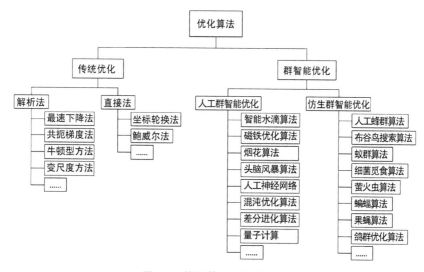

图 2.1　优化算法分类示意图

传统的优化方法可分为解析法(Caleulus-based)和直接法(也称数值法)两类。其中,解析法主要是利用目标函数的分析性质,如一阶导数和二阶导数等去构造迭代公式,确定搜索方向,使得到的函数值序列和解序列分别收敛到问题的极小值和极小解(极小值点)。例如,最速下降法、共轭梯度法、牛顿型方法、变尺度方法等属于解析法。直接法对目标函数的分析性质没有要求,而只是根据一定的数学原理,通过目标函数值的大小来移动迭代点,并根据函数值的变化进行试探性搜索,确定搜索方向来移动迭代点,从而确定问题的极小值点。

上述两类传统的优化方法存在以下不足之处:一般对目标函数都有较强的限制性要求,目标函数必须是连续、可导、单峰的。大多数优化方法都根据目标函数的局部展开性质来确定下一步搜索的方向,这与求函数的整体最优解的目标有一定的抵触。在实现算法之前,要进行大量的准备工作,求函数的导数、某些矩阵的逆等,在目标函数较为复杂的情况下,这一工作是很困难的,有时甚至是无法实现的。算法结果一般与初始值的选取有较大的关系,不同的初始值可能导致不同的结果,初始值的选取较大地依赖于用户对问题的背景知识的掌握。算法缺乏简单性和通用性,针对这个问题,用户需要选用适当的优化方法,对某些约束问题较难处理。

针对局部的最优化问题大多采用传统的优化方法。这些针对无约束优化问题提出的局部优化算法大部分都比较成熟,计算效率也比较高,但对目标函数在数学方面有一定的解析性质要求,比如需要目标函数连续可微,且一阶导数连续等。约束优化问题通常可采用罚函数等方法转化为无约束优化问题,再利用无约束优化方法来求解。针对全局的优化问题求解,虽然目前已经有很多方法并且也取得了一定的成效,但与局部优化问题的求解方法相比还是有很大的差距,而且没有一种真正成熟的算法能够有效地求解复杂问题的全局最优。为了有效解决全局优化的求解问题,一些学者另辟蹊径,尝试了对随机型优化方法的研究,其最大的优势是对函数性质要求较低,甚至不作要求。近年来,涌现出一批模拟自然界的生物特性而发展起来的一系列仿生型智能优化算法,如禁忌搜索算法,模拟退火算法,进化类算法,群体智能算法等,这些算法针对全局优化问题的求解比较有效并且适应性较好。

群智能优化方法是受社会性昆虫行为的启发,智能自动化、智能计算等相关领域的研究工作者通过对其行为的模拟,产生了一系列寻优问题求解的新思路。这些研究可被称为针对群智能优化的研究。群智能（Swarm Intelligence）中的群（Swarm）是指"一组相互之间可以进行直接通信或者间接通信（通过改变局部环境），并且能够合作进行分布问题求解的主体"。而所谓群智能是指"无智能的主体通过合作表现出智能行为的特性"。这样，群智能优化的协作性、分布性、鲁棒性和快速性的特点使之在不提供全局模型的前提下，为寻找复杂的大规模分布式问题的解决方案提供了基础。群智能（Swarm Intelligence，SI）算法是一种启发式的搜索策略，是通过对自然界群体行为机制的模拟，构造出一类具有正反馈、自适应、自组织的随机优化方法，这类策略能有效依靠生物自身的组织和适应机理来优化生物的行为和生存形态，最终能实现通过协同运作的群体行为适应外界自然环境的目标，适用于解决各类复杂的优化问题。通过对生物群体中个体之间行为机制的模仿，将生物个体与群体行为特点进行抽象模拟，并应用于进化计算策略的设计模型，从而形成了一类基于仿生行为的群智能优化算法。

群智能优化方法分为人工群智能优化算法和仿生群智能优化算法两类。人工群智能优化算法是一种非生物系统，通过从日常的自然现象抽象出一些物理模型，进行优化计算；典型的算法有智能水滴算法（Intelligent Water Drops，IWD）、磁铁优化算法（Magnetic Optimization Algorithm，MOA）、烟花算法（Fireworks Algorithm，FWA）、头脑风暴算法（Brain Storm Optimization，BSO）等，这类算法的优点表现为简单通用、鲁棒性强、适于并行；而仿生群智能优化算法的特点是具有生命现象的生物种群，常研究蚁群、鱼群、鸽群、布谷鸟、蜂群、果蝇、蝙蝠、细菌等种群行为。主要算法有蚁群算法（Ant Colony Optimization，ACO）、粒子群算法（Particle Swarm Optimization，PSO）、细菌觅食算法（Bacterial Foraging Optimization，BFO）、萤火虫算法（Firefly Algorithm，FA）、人工蜂群算法（Artificial Bee Colony Algorithm，ABC）、布谷鸟搜索算法（Cuckoo Search Algorithm，CS）、人工鱼群算法（Artificial Fish Swarms Algorithm，AFSA）、蝙蝠算法（Bat Algorithm，BA）、果蝇算法（Fruit Fly Optimization Algorithm，FOA）、鸽群优化算法（Pigeon Inspired Optimization，PIO）等，其优点主要表现为个体行为简单，协同工作展现出更为智能的行为特征，并行性高、全局搜索能力强，陷入局部最优的概率低。对问题的定义无特殊要求、无集中控制约束、算法实现简单、执行时间短。

仿生群智能优化算法属于群智能优化算法的一个分支，仿生群智能优化算法的灵感是受自然界中动物群体行为和现象的启发,该方法是基于目标函数值的评价信息,无须目标函数的梯度信息,仿生群智能优化算法设计规则简单,实现便捷,在许多优化问题的求解任务中比传统优化方法表现出更加优异的性能。

伴随着科技进步与社会经济的发展,生产实际中的工程优化问题越来越复杂,求解优化问题的传统方法受到的限制也越来越多。由于传统方法难以满足科学研究和实际工程的需要,研究人员和科学工作者通过模拟自然界中生物的进化机制、生物机理和群体行为等生物特性,探索了具有启发式特征的新方法,仿生群智能优化算法应运而生并应用于各行各业,能促进相关领域的技术进步,因而成为当前国际上一个非常热门的研究课题。在数据挖掘、图像检测、机器学习、神经网络、节点负载、特征选择、资源调度、混沌系统、能源系统、生物信息等领域应用广泛。

仿生群智能优化算法的基本原理是通过模仿生物个体的简单行为,实现总体的特定功能目标。这种模仿的理论基础源于生物社会学家对群体动物行为的研究发现,群体行为过程中通过共享个体经验为群体带来的好处远胜于相互之间对食物的竞争。受生物群体中信息共享机制的启发,群体智能优化利用个体之间共享信息及相互协作来实现整体上求解复杂问题的最优化目标。在仿生群智能优化算法中,当前研究和应用较为广泛的有粒子群优化算法和蚁群算法等。其中粒子群优化通过模拟鸟群的飞行发展起来,蚁群算法是通过蚂蚁的路径跟踪行为模式而建立起来的。

仿生群智能优化算法与传统优化方法存在较大的差异,从信息论的角度来看,它们对信息的提取和利用方法不同。传统优化方法大多要依靠函数的解析性质,利用函数的导数与梯度信息完成最优值的寻优过程,能较为简便地利用被优化问题提供的信息。但是在提取信息时对被优化函数的数学性质要求较高。实际上,通常复杂函数求导和梯度信息却难以计算。另外,研究表明一些欺骗函数在优化过程中由于利用了梯度信息容易陷入局部极值点而难以搜索到全局最优。与传统优化方法相比,智能优化算法具有更大的适用性,且搜索次数明显减少,这都得益于算法信息来源的改变,最优值信息通过搜索过程中得到的点来提供,避免了由于受到优化函数解析性质的制约而导致的一系列问题。

在利用仿生群智能优化算法求解优化问题的过程中,采用相当数量的个体按照进化规则进行搜索迭代实现优化求解,算法原理源于自然界中简单生物群体在行为过程中表现出来的涌现现象。尽管作为单个个体在没有获得群体的总体信息反馈时，其在求解空间进行的是无规律搜索，但个体获取整个群体在求解空间的相关信息并受到总体结果的影响后，个体就表现出一种合理的寻优模式在求解空间进行搜索。

作为仿生群智能策略的典型实现，模拟生物蜂群智能寻优能力的人工蜂群算法和模拟布谷鸟寻窝产卵和莱维飞行机制的布谷鸟搜索算法提出的时间相对较短，目前，其改进策略和应用研究已受到了国内外学者的广泛关注并掀起了新的研究热潮。这也是本书研究的出发点和重点。

不同的仿生群智能优化算法通常具有不同的生物机理，或者采用不同的优化机制，但总体上这些优化算法均采用"生成＋检测"的模式进行搜索，在算法流程上共性相同。

仿生群智能优化算法在优化设计过程中，首先将待优化问题的定义域映射为算法的搜索空间，再通过一定的生成方式产生待优化问题的初始解，结合待优化问题的目标函数来计算初始解个体对应的目标值，然后根据算法的更新机制对种群进行更新，再判断结束条件，如果满足就停止计算并输出计算的结果，如果不满足就计算新目标值并进行下一步的种群更新。

自然界中的生物系统是复杂多样的，不同类别的仿生群智能优化算法必然存在着差异，这种基于生物学特性的仿生群智能优化算法之间的差异主要体现在算法的更新规则上，如有的仿生优化算法的原理来自生物运动的步长，有的则来自生物的觅食规律。仿生优化算法差异的存在为研究性能更优的算法提供了研究基础和拓展空间，同时由于优化问题的要求各异，因此需要合理选择所使用的智能算法，而根据无免费午餐定理，各类仿生优化算法的整体性能表现具有一致性。对于所有可能存在的问题采用相同的评价体系，任意给定的算法在平均性能上的表现是一样的，目前这个定理对所有的算法都适用。这就为我们研究具体问题的算法提供了方向，可以跟踪生物学的进展在仿生原理上提出新的算法，也可以针对现有算法的缺陷进行有效的改进。

目前，仿生群智能优化算法都是按照提出的不同算法进行分类：包括人工蜂群算法、布谷鸟搜索算法、粒子群算法、蚁群算法、细菌觅食算法、鱼群算法、萤火虫算法等。尽管目前仿生群智能优化方法相比于传统的优化方法在解决复杂的优化问题方面表现出优异的搜索性能，但是对于求解高维度、多极值、搜索空间复杂的问题依然存在一定的局限性，往往会导致搜索性能不足，求解精度不高、易陷入局部最优等问题。不同的仿生群智能优化算法在解决不同的问题方面具有各自的优缺点,在理论研究与实际应用方面还有许多提升的空间。仿生群智能优化算法不仅仅局限于引入生物种群的各种特性进行改进,一些学者还尝试探索将人类的一些生物特性思想引入传统的仿生群智能优化算法中,如人口种群自适应和人体自身免疫机制等。未来可以从人类相关生物特性方面进行深入研究,进一步加强和优化算法的自身性能。

　　本书从仿生群智能优化算法的性能本身出发,研究更加高效、高质量的优化方法。通常,衡量优化方法性能关键的三个指标分别为:精度、速度和鲁棒性。这就要求算法的性能既能满足局部开采,提高求解精度,又能使得算法具备较强的全局勘探能力,加速收敛要求,如图 2.2 所示。仿生群智能优化算法通

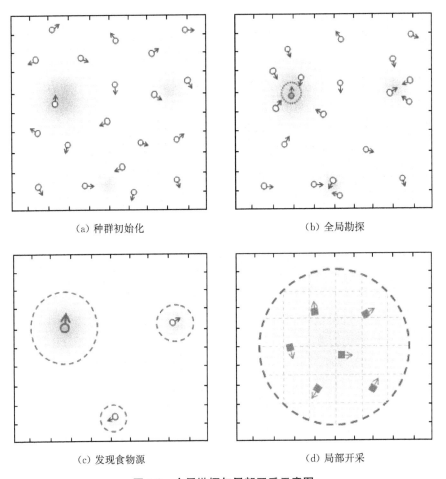

(a) 种群初始化　　　　　　　　　　(b) 全局勘探

(c) 发现食物源　　　　　　　　　　(d) 局部开采

图 2.2　全局勘探与局部开采示意图

过种群初始化,进行全局勘探,发现局部的食物源,然后对于局部位置进行局部开采,提高搜索精度。全局勘探和局部开采本质上又是一对矛盾的问题,如何使两者达到最佳的均衡搜索,也是许多算法和策略致力去解决的公认难题。在仿生群智能优化算法中,蚁群算法计算量往往比较大,求解时间较长。粒子群算法对参数有较强的依赖性,求解质量往往受参数的影响明显。布谷鸟搜索算法和人工蜂群算法则是近年来新提出的仿生群智能优化算法的典型。本章将从局部开采、全局勘探和均衡搜索三个角度对近年来新提出的仿生群智能优化算法进行综述,并对点云配准以及仿生群智能优化算法在点云配准方面的应用进行梳理。

2.2　局部开采

　　局部开采是利用当前搜索和求解的局部信息,以便新的搜索可以集中在可能接近的局部最优区域或邻域区域。然而,这种局部最优可能不是全局最优。局部开采倾向于使用有效的局部信息,如梯度、模式的形状(如凸性)以及搜索过的区域。传统的经典技术是爬山法,它反复利用局部梯度或导数信息,从而加强了局部搜寻性能。为了更好地提升仿生群智能优化算法的局部开采能力,一些学者在局部搜索机制方面对算法进行了改进研究。Valian 等人将自适应发现概率和自适应步长相结合,提出利用参数自适应机制改进搜索步长与发现概率的 ICS(Improved Cuckoo Search)算法,从而提高了目标解的优化质量,以寻找最优解。Walton 等人针对莱维飞行机制中的飞行步长进行改进,通过改进优势解交换信息步长,增强算法的局部搜索能力。Li 等人将 CS 算法和差分进化(Differential Evolution,DE)的思想有机结合,利用差分进化策略完成选择操作,然后利用布谷鸟算法进行搜索,提高了算法的寻优性能。一些学者提出改进搜索机制中的步长、动态自适应、逐维改进机制以及合作协同进化策略等。这类改进算法在一定程度上提高了算法的搜索性能,取得了很好的寻优效果。然而单一的搜索策略在解决复杂的多维空间优化问题时,往往难以兼顾全局搜索与局部寻优的能力。

　　仿生群智能优化算法的核心搜索在于其搜索策略,新提出的一些仿生优化策略由于开采能力不足,而导致求解精度不足,甚至出现收敛速度缓慢。为了提高算法的局部开采能力,Karaboga 等人提出一种快速人工蜂群算法(Quick Artificial Bee Colony, QABC),改进了新蜜源搜索机制,在蜜源特定的约束半径范围内进行局部开采,从而提高了算法的局部寻优性能。Loubière 等利用 Morris 提出的灵敏度分析方法(OAT),对随机选择的维数进行移位,找出有较强影响力的维度,强化了对这些维数的局部搜索。QABC 算法采用改进的邻域搜索随机选择策略,加强了蜜源邻域维度的开采力度,从而提高了算法的局部开采能力。李彦苍等提出利用信息熵改进人工蜂群算法的搜索过程,利用信息熵值的选择不确定性,控制蜂群中跟随蜂局部搜索路径选择的概率,达到一定的自适应调节能力,提高了收敛精度和搜索效率。刘三阳等引入随机动态局部搜索算子加强当前最优蜜源区域的局部搜索,利用局部搜索算子开发能力强的特点来弥补 ABC 算法局部开发能力不足的缺陷,从而提高算法的收敛速度,并用基于排序的选择概率替换了直接依赖适应度的选择概率,来提高算法的求解精度。Zhu 等学者受 PSO 算法启发,提出了一种 GABC(Gbest-guided Artificial Bee Colony)算法,利用全局最好解(gbest)指导跟随蜂前往搜索,很大程度上提高了算法求解精度,有利于增强算法的局部开采能力。Banharnsakun 等提出一种改进跟随蜂的搜索机制来提高搜索精度。Gao 等对 GABC 进行局部搜索机制的改进,由于 GABC 算法在搜索过程中会出现新蜜源介于全局最优蜜源与原蜜源之间,相反的搜索方向会导致振动,从而不利于提升局部开采的性能,其借鉴 GA 算法里的交叉操作,随机选择原蜜源区域周围的蜜源进行局部搜索以提高局部寻优的能力。

一些学者引入了萤火虫搜索机制、量子理论、混沌局部搜索策略、过滤风机策略、Powell 方法、动态局部搜索策略来提高算法的局部开采能力,并在组合优化问题等领域取得了一定的应用。

2.3　全局勘探

仿生群智能优化算法的一个重要组成部分是全局勘探,通常采用随机优化的方法。这使得优化算法能够跳出任何所陷入的局部最优,从而在全局范围内进行搜索。如果步骤仅限于局部区域,则随机优化的方法也可用于当前最佳区域周围的局部搜索。当搜索步长扩大时,随机优化可以在全局范围内搜索空间,通过微调一定的随机性,最终达到平衡局部搜索和全局搜索的性能。新提出的一些仿生优化策略由于全局勘探能力不足,而导致收敛速度缓慢。为了提高算法的全局勘探能力,Akay 等提出了著名的改进策略,利用振动频率和振动幅度扰动两个新的搜索模式提高全局的收敛性能。利用振动频率参数 MR,使得探测的维度数量从原先的 1 个增加到 MR 个,振动幅度参数 SF 则将搜索范围的随机参数由[−1,+1]扩大为[−SF,+SF],有效地扩大了全局搜索空间,提高了收敛速度。Kiran 等提出 Directed ABC (DABC),采用改进的振动频率机制记录蜜源上一次更新后每个维度的方向,通过方向信息来全局指导后续的开采方向,从而加快全局收敛。

文献[46]使用 K-调和均值聚类算法与 CSPSO 算法相结合,搜索半径采用新的方程式计算,能快速收敛到全局最优。Zhou 等将 CS 算法与 ABC 算法混合,应用于云制造中的优化组合与选择。这类算法加强了算法的搜索机制,可以取得更好的效果,但会增加算法的复杂性,并且在解决复杂问题及高维空间优化时,适应能力与鲁棒性不够,使得搜索效果不够理想。

Gherboudj 等为了提高算法的全局探测能力,采用概率模型和 Sigmoid 函数来生成二进制解,提出了一种二进制的布谷鸟搜索(Binary Cuckoo Search, BCS)算法来处理二进制优化问题,该算法在背包问题和多维背包问题实例上测试了性能,相比于 HS 算法、PSO 算法和量子 CS 算法,BCS 具有更好的全局搜索效率。然而,BCS 算法的收敛速度对其参数的敏感度较低,可以加强信息交换以改进性能,提高算法的收敛速度。Ouyang 等提出了一种应用于求解球形旅行商问题(TSP)的离散布谷鸟搜索算法(DCS),引入学习 3-opt 和"A"算子应用于公告板中以提高算法的全局收敛速度。从实验结果来看,DCS 比传统的遗传算法具有更优的性能。Meng 等提出一种 IFFOA 果蝇优化算法,利用平行搜索机制以平衡开发,提高搜索能力;融合了改进和声搜索算法(MHS)以提高种群的协作能力;同时,还设计出一种垂直交叉方法跳出局部最优,提高全局搜索性能,并应用于解决多维背包问题。Liu 等提出一种 IFOA 算法,利用 PID 控制策略和云模型算法自适应调整飞行距离,以提高算法的全局探测能力。杨帆等提出一种 MFOA 算法,增加逃逸系数避免算法陷入局部最优;能够有效扩大三维空间的搜索性能,应用于解决灰色神经网络的变形预测问题。

粒子群算法常常对高维空间优化问题的全局探索能力显得不足,容易早熟收敛。在全局勘探方面,如何加快收敛速度? 一些学者引入动态发现概率,提出了基于最佳鸟窝位置的自适应动态调整策略,与原始算法相比,该算法寻优能力好,收敛速度快。Wang 等人在迭代过程中对鸟窝的位置引入高斯扰动,使鸟窝位置更新更具活力,加快收敛速度。Srivas tava 等人将禁忌搜索和 CS 算法相结合,有效地避免了陷入局部最优。文献[48][49]将混沌理论引入 CS 算法,通过混沌映射调节布谷鸟搜索的步长,增加种群的多样性,改善算法收敛速度慢和易陷入局部最优等缺点,提高了算法的全局搜索能力。文献[50]采用 Tent 映射对混沌序列进行改进,并完成图像分割的应用,提升了图像分割精度。Boushaki 等人采用量子混沌 CS 算法改善搜索过程,提高算法的全局探测能力,解决数据聚类问题。混沌 CS 算法可用于解决实际工程问题,但是针对某些数据集的收敛速度仍然很慢,在总体变量的优化上还有待加强。

另外,El-Abd 在头脑风暴算法(BSO)的基础上,利用基于适应度分组方法,结合全局最优化思想和更新初始化机制,提出了一种全局最优引导的改进策略(GBSO),从而加强了算法的全局勘探能力。

2.4 均衡搜索

在受自然启发的元启发式仿生群智能优化算法中,局部开采(exploitation)和全局勘探(exploration)是两个关键因素,它们相互作用能很好地反映出元启发式算法的运行效率和鲁棒性能。为了平衡局部搜索和全局探测的能力,提高算法的求解精度和全局寻优多样性,Wang 等人提出一种新的多策略集成 ABC 算法(MEABC),利用解决方案搜索策略的不同,在搜索过程中来平衡勘探和开采的能力。刘勇等人根据蜂群觅食的特点,提出一种函数优化的蜂群算法。蜂群寻找最好食物源的过程类似于优化算法探寻最优解的过程。在优化过程中,寻优策略为蜂群个体根据过去搜索的寻优经验对整个蜂群相互之间共享的信息进行搜索,并定义了蜜蜂个体搜索的调整系数和个体与群体间的差异系数来均衡算法的全局探索和局部开发能力。同时还采用压缩映射定理分析了算法的收敛性,该策略与 PSO 算法进行了实验对比,很好地验证了算法策略的有效性和可行性。周新宇等为了平衡算法的全局探索与局部开采能力,采用邻域搜索机制以改进人工蜂群算法的求解搜索方程,选择当前蜜源的环形邻域拓扑结构中较优的领域蜜源进行开采,代替原先直接利用全局最优解的信息,环形邻域拓扑结构如图 2.3 所示。另

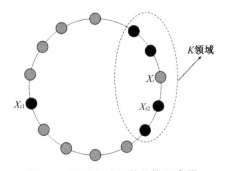

图 2.3 环形邻域拓扑结构示意图

外,算法还利用反向学习策略产生枯竭蜜源的反向解以保存探索蜂的搜索经验,提高算法的效率。

叶东毅等从粗糙集理论出发,利用属性子集分类质量的单调性,防止算法的无效局部搜索;在对雇佣蜂和跟随蜂的搜索过程中进行不同邻域搜索策略的选择,从而增加局部搜索多样性,能够有效地平衡局部和全局搜索的能力。Li等受差分进化算法的启发,利用随机和最优个体两个新突变规则,通过线性递减概率规则进行组合,提出了一种改进的参数自适应布谷鸟搜索算法,以平衡算法的局部搜索和全局寻优能力,并通过参数的自适应设置来增强种群的多样性。实验验证了算法能有效避免陷入局部最优,加速了算法的进化过程,全局收敛速度增强。Mlakar等提出了一种混合自适应CS算法(HSA-CS),利用参数自适应、搜索过程平衡随机勘探策略、种群的线性减少策略三种机制来提升算法的性能和优化效果,然而HSA-CS算法在参数设置方面需要耗费大量的计算时间以平衡概率的确定性设置。Wang等在多目标布谷鸟搜索算法(MOCS)的基础上进行了改进,在MOCS搜索过程中嵌入非均匀变异算子,以均衡局部搜索和全局寻优之间的矛盾,并采用差分进化的突变,交叉和选择算子以增强种群之间的信息共享,从而很好地提高了算法的收敛速度。Kanagaraj等提出了一种CS-GA算法,在CS搜索过程中融入遗传算子以平衡局部搜索和全局寻优。实验对非线性约束的混合整数可靠性问题进行了寻优,表明CS-GA算法具有更快的收敛速度和高质量的求解精度。Ghodrati等人在CS中引入了PSO,从而提高了粒子的搜索能力和寻优精度。Peng等提出了一种最佳邻域引导的人工蜂群算法。为了平衡搜索过程中对算法的探索和开采能力,提出了最佳邻域引导的搜索策略。此外,全局邻域搜索算子在侦察蜂阶段取代了原有的随机搜索方法,以保留搜索经验。每个食物源的邻域都是动态的,如图2.4所示。对每个食物源 X_i ,从种群中随机选取5个邻域,最佳邻域 X_{nbest} 被选择为学习对象(深色圆圈表示),下一次迭代,重复相似操作。

此外,陈山等提出优化BSO个体的变异,以搜索过程中的反馈信息调整BSO算法的变异过程,从而更好地均衡全局和局部搜索,改进了算法的收敛速度和辨识精度。吴亚丽等则是采用差分变异的机制替代了高斯变异以扩大种群搜索的多样性,实现了基于目标空间聚类差分的头脑风暴策略(DEBSO-OS),通过实验验证了算法具有较好的收敛速度和寻优精度。但是算法针对部分测试问题,其稳定性还需要进一步的提高。

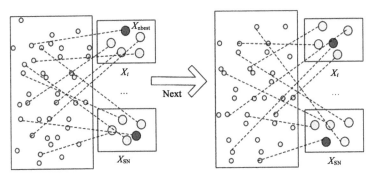

图 2.4　随机邻域搜索示意图

2.5　点云配准

计算机视觉是一门涉及计算机图形学、人工智能、模式识别、数学等跨学科交叉融合的综合性前沿学科,它的研究目标旨在使计算机认知周围的环境、感知三维空间中物体的几何与运动信息,并具有一定的描述、存储、识别和理解的能力。三维重建技术是计算机视觉的一个重要研究领域,可以通过技术恢复现实世界模型,使计算机具有认知现实世界的能力。真实物体的三维重建具有现实的意义,包括逆向工程、计算机辅助医学、考古、文化遗产保护等广泛的应用。逆向工程借助于三维激光扫描技术获取坐标数据,通过预处理进行曲面分块、拟合等操作,最终实现三维重建工作。三维点云数据配准属于逆向工程中的一个关键问题,是计算机视觉进行后续处理的基础,其配准结果直接影响着后续的各个环节。

三维激光扫描技术可以快速获取被测物体表面海量的三维坐标信息即点云数据。然而受测量设备本身和环境的限制,想要获取被测物体表面完整的数据通常需要经过多次测量。因此,为了获取完整的三维对象点云数据,需要通过点云配准将不同视角扫描的点云整合到一个坐标系中。将被测物体进行多次测量最终重构出完整的三维模型,则需要多视角扫描,对获得的点云数据进行重定位,对齐到统一的坐标系下,这就是点云数据的配准问题。在三维重建过程中,获取三维物体表面的真实数据常常因受测量设备、自遮挡与环境等因素的影响,实际测量过程中获取的点云数据只是实体表面的部分数据,且易导致平移或旋转错位,故需对被测物体在不同视角下进行多次测量,并将各个视角下的点云数据合并到统一的坐标系下,形成最终完整的点云数据,方便后续可视化等操作。点云数据配准的实质是把在不同的坐标系中测量得到的数据点云进行坐标变换,以得到统一坐标系下的整体数据模型。这给点云配准带来了许多挑战。第一,三维点云数据自身常常存在高噪声、离群点等会影响配准的精度;第二,数据采集过程中,因三维扫描仪的自遮挡、视角和光线等问题,存在数据获取的缺失或部分重合等问题,导致后期配准对应关系难以寻找,搜索难度较大;第三,点云数据的初始位置对配准的性能影响较大。群智能优化算法是受自然界昆虫的启发,通过模拟研究其群体行为而提出的一系列用于解决复杂问题的优化方法,处理不连续的、非线性、多变量、多约束和非凸优化等问题,克服传统数学规划方法的局限性,表现出较强的全局寻优能力,因此已成为研究者将其引入点云配准优化的研究热点。数据配准扮演着非常重要的角色,配准结果在很大程度上决定着三维模型重建的精度,因此,有必要对三维重建过程中的群智能优化点云数据配准算法进行深入的研究,这对三维数字处理技术领域有着非常重要的研究意义。

根据待配准的两个点云视图间是否存在畸变,三维点云数据配准的研究可以分为非刚性变换下和刚性变换下的点云数据配准两类。非刚性变换下的点云配准考虑视图间存在的畸变,这种配准技术只适用于一些典型的场合,不具有代表性和一般性。目前,对于刚性点云配准的研究比较全面,并提出了一些比较成熟,且较为有效的方法;对非刚性点云配准算法的研究则相对较弱。点云配准分为粗配准和精配准,粗略配准是在全局的范围内使两片点云大致上在同一坐标系下对齐,降低配准数据的维度。总体看来,点云配准算法主要归为以下几类:

第一,迭代最近点配准算法 ICP(Iterate Closed Point),最早是由 Besl 和 Mckay 等于 1992 年提出。ICP 算法主要用于解决基于自由形态曲面的配准问题,它是当前点云数据配准过程中应用最广泛的刚性配准算法。该算法以四元数配准算法为基础,首先利用牛顿迭代搜索方法寻找两组点云对应的最近点对,然后采用欧氏距离作为目标函数进行迭代,从而得到三维的刚体变换。最近邻迭代配准算法 ICP 则是当前点云数据配准过程中最具代表性、应用最广泛的刚性配准算法。它重复进行"确定对应关系点集—计算最优刚体变换"的过程,直到某个表示正确匹配的收敛准则得到满足为止。ICP 算法由于简单而被广泛应用,但却易于陷入局部最优。同时,ICP 算法对点云配准的初始配准位置严重依赖,它要求两个点云模型的初始位置必须足够接近,且当存在噪声点和离群点时则极易导致配准失败。为了解决这一系列问题,ICP 的许多变形改进算法已被提出,它们影响了从点云的选择、配准到最小控制策略算法的各个阶段。例如基于尺度迭代最近点的配准方法 SICP(Scaled Iterative Closest Point)。ICP 的改进策略从不同程度上提高了原始算法的抗噪能力和配准精度,但始终无法从本质上解决其对初始位置敏感的缺陷。

第二,基于稳健统计和测量的方法。Tsin 和 Kanade 应用核密度估计,将点云表示成概率密度,提出了核心相关(Kernel Correlation,简称 KC)算法。这种计算最优配准的方法通过设置两个点云模型间的相似度测量来减小它们之间的距离。Jian 和 Vemuri 应用高斯混合模型(Gaussian Mixture Model,GMM)对 KC 算法做了改进。这两种方法都可以被看作是稳健的、多连接的 ICP 配准框架,并且都使用了全局目标函数,目标函数的减小,允许一个较宽的收敛域。由于一个点云中的点必须和另一个点云中所有的点相比较,所以导致这类方法的计算复杂度很高。

第三,克服 ICP 算法对于初始位置的局限性,提出了基于概率论的方法。如一致点漂移 CPD(Coherent Point Drift)算法使用高斯混合模型表示一个点集的质心,使之与另一组数据点对齐,并采用 EM(Expectation Maximization)算法两个步骤的交替执行解决刚性与非刚性的匹配问题。CPD 算法的计算速度较快,且鲁棒性更强,但是与其他基于概率的方法一样,CPD 算法受初始参数选择的影响较大,易陷入局部最优。为了解决此类问题,鲁棒点匹配(Robust Point Matching,RPM)算法和相应的改进策略被不断提出,这类方法应用了退火算法以减小穷举搜索时间,RPM 算法既可以用于刚性配准也可以用于非刚性配准。文献[204]证明了存在噪声点或者某些结构缺失时,使用 RPM 算法配准亦会失败。

第四,基于特征对应的配准方法。ICP 算法依赖于对应关系,对两幅点云的初始位置距离非常敏感。这类方法假设局部描述子提供了一组候选匹配,其中可能包括许多离群点。然后寻求这些对应关系的最大子集,可以使用非刚性形变产生完全一致的有界失真,作为一个约束优化问题,利用迭代加权最小二乘算法进行求解。上述方法的不足之处是当对应有缺失或误差时,配准结果将会受到巨大影响。

第五,近年来,基于群智能优化的点云配准方法被逐步提出,其中有参数自适应进化算法 SaEvo(Self-adaptive Evolution)、生物地理学优化算法 BBO (Biogeography-Based Optimization),基于粒子群算法 PSO(Particle Swarm Optimization)和基于遗传算法 GA(Genetic Algorithm)的粗配准技术可以为精配准提供良好的初始位置,这类方法为解决三维点云配准问题提供了新的思路和突破口,相比于传统的配准方法精度有所提高,但又存在计算量较大、运算效率低、全局优化能力和配准的鲁棒性还不够等问题。虽然这些策略使用群体方式在求解空间内加强寻优搜索,但还是存在易陷入全局最优的不足。

综上所述,点云配准技术研究在不断发展并且受到广泛的关注。然而,不同的配准方法都有其自身的优势与不足,现有的点云配准方法仍存在着需要改进的地方,研究人员也在积极地从各个方面进行深入研究和策略改进,以扩大其配准算法的应用领域并且增强其适应性。本章所研究的是改进的群智能优化点云配准方法,研究旨在解决传统的点云配准方法对初始位置敏感、求解精度不高及计算效率低等问题。群智能优化算法是基于目标函数值的评价信息,无须目标函数的梯度信息,研究高效率的群智能优化算法求解复杂的点云配准优化问题更具理论和实际意义。

2.6　本章小结

本章对仿生群智能优化方法和点云配准应用相关技术的研究现状和最新进展进行了综述。在仿生群智能优化算法中,重点介绍了局部开采、全局勘探以及均衡搜索三个核心过程的主要方法,由于对仿生群智能优化算法方面的研究比较广泛,所以本章重点介绍了近年来新提出的仿生优化方法。在点云配准的综述中,分别介绍了迭代最近点配准算法 ICP 及其改进策略、基于稳健统计和测量的方法、基于概率论的方法、基于特征对应的配准方法和基于群智能优化的点云配准方法。在此部分,由于基于群智能优化点云配准的研究成果相对较少,因此本书介绍了基于深度图像的相关优化方法,并比较分析了各类方法的特点。最后,本章对仿生群智能优化方法和点云配准技术进行了概括总结,并概要分析了仿生群智能优化方法应用于点云配准的优势。本章对仿生群智能优化方法和点云配准应用相关技术的综述,对把握该领域研究现状具有重要意义。

基于模式搜索的布谷鸟搜索算法

布谷鸟搜索算法是一种基于莱维飞行搜索策略的新型仿生群智能优化算法。单一的莱维飞行随机搜索更新策略存在全局搜索性能不足和寻优精度不高的缺陷。为了进一步提高算法局部开采的性能,本章提出了一种改进的布谷鸟全局优化算法。该算法的主要特点在于以下三个方面:首先,采用全局探测和模式移动交替进行的模式搜索趋化策略,实现了布谷鸟莱维飞行的全局探测与模式搜索的局部优化的有机结合,从而避免盲目搜索,加强算法的局部开采能力;其次,采取自适应竞争机制动态选择最优解数量,实现了迭代过程搜索速度和解的多样性间的有效平衡;最后,采用优势集搜索机制,实现了最优解的有效合作分享,强化了优势经验的学习。对 52 个典型测试函数进行实验的结果表明,所提算法的局部开采性能强,不仅寻优精度和寻优率显著提高,具有较强的鲁棒性,且适合于多峰及复杂高维空间全局优化问题。该算法与最新提出的改进的布谷鸟优化算法以及其他智能优化策略相比,其全局搜索性能与寻优精度更具优势,效果更好。

3.1 引言

在日常生产生活中的诸多问题都可归结为全局最优化问题,采用传统的方法来解决此类问题效果不太理想,因此许多学者从模拟生物生活的习性角度出发解决此类问题,收到了较好的效果。其中,布谷鸟搜索算法(Cuckoo Search,CS)则是近年来提出的一种新颖的元启发式全局优化。该方法是模拟布谷鸟的寻窝产卵行为而设计出的一种基于莱维飞行(Lévy Flights)机制的全空间的搜索策略。在求解全局优化问题中表现出较好的性能。该算法具有选用参数少,全局搜索能力强,计算速度快和易于实现等优点,与粒子群优化算法和差分演化算法相比具有一定的竞争力。并在工程设计、神经网络训练、结构优化、多目标优化以及全局最优化等领域取得了应用。

　　然而,CS算法作为一种新的全局优化方法,搜索性能还有待提高。为此一些学者对该算法的全局寻优性能进行了改进,如 Valian 等学者提出利用参数自适应机制改进搜索步长与发现概率的 ICS(Improved Cuckoo Search Algorithm)算法,从而提高了函数优化质量。此外,还有一些学者提出改进搜索机制中的步长、动态自适应、逐维改进机制以及合作协同进化策略等。这类改进算法在一定程度上提高了算法的搜索性能,取得了很好的寻优效果。然而单一的搜索策略在解决复杂的多维空间优化问题时,往往难以兼顾全局搜索与局部寻优的能力。另外,一些学者提出了与其他算法杂交混合的策略,如文献[30]提出了一种 CSPSO 算法。文献[32][33]提出了 OLCS 算法,在莱维飞行随机游动之后结合正交学习机制进行搜索从而增强了算法策略的寻优性能。这类算法加强了算法的搜索机制,可以取得更好的效果,但会增加算法的复杂性,并且在解决复杂问题及高维空间优化时,适应能力与鲁棒性不够,使得搜索效果不够理想。其原因是目前的进化算法需要面对欺骗问题、多峰问题和孤立点等因素,导致全局优化困难。因此,有必要继续探索新的改进方法与求解策略。

　　虽然 CS 算法全局探测能力优异,但是其局部搜索性能相对不足,特别是多模复杂函数在全局寻优时存在收敛速度慢、求解精度不高等问题,为了克服 CS 算法的缺点,提高其搜索性能,本章提出了一种基于模式搜索策略的布谷鸟搜索算法(based Pattern Search Cuckoo Search, PSCS)。该算法利用模式搜索具有高效的局部趋化能力这一优势特点,在 CS 算法的框架下嵌入模式搜索机制,加强局部求解能力,利用 CS 算法较强的莱维飞行全局搜索能力和模式搜索的局部寻优性能,两者互为补充,兼顾均衡,从而避免搜索过程陷入局部最优。另外,为了有效地指导与加强模式搜索的趋化能力,提出了自适应竞争排名构建机制与合作分享策略,这些方法在保证空间搜索多样性的基础上,提高了寻优精度。PSCS 算法不仅具有较好的全局勘探能力,而且较大地提高了局部搜寻的开发性能,且适于求解复杂的高维空间优化问题。选用了 52 个典型测试函数对算法进行了测试,其中有许多函数自身就具有多变量、多极值等复杂特性,再经过变换后更加复杂,搜索难度极高。计算机仿真实验结果表明,所提算法取得了很好的搜索结果,寻优率和精度显著提高,效果令人满意。

　　第 3.2 节扼要介绍了基本的 CS 算法及其在复杂的全局优化问题中的局限性;第 3.3 节详细介绍了基于模式搜索趋化策略的 PSCS 算法;第 3.4 节选用了

典型的基准测试函数对所提算法进行了验证并与其他算法进行了比较;第 3.5 节对算法的复杂性和实验结果进行了分析与讨论;最后为本章小结。

3.2   布谷鸟搜索算法及局限性

标准的布谷鸟搜索算法是模拟布谷鸟寻窝产卵的特点而形成的理论,从而设计出基于莱维飞行搜索机制的随机优化算法。

3.2.1   布谷鸟的生物机理

自然界中大约有 9 000 种类型的鸟类都有相同的繁育方式:通过产卵孵育繁殖后代。鸟类通过先产卵,将新的生命包在一个保护壳中,然后在体外进行孵化。由于鸟类难以便捷地携带鸟蛋飞行,这使得鸟类要繁殖后代必须找到一个安全的地方来孵化它们的蛋。自然界中各种物种都遵循着物竞天择的自然法则,对其他食肉动物来说,鸟蛋是其搜寻的一种富含高蛋白质的营养美味。对于鸟类而言,要寻找到一处安全住所产卵并孵化鸟蛋,把它们的后代抚育长大能在自然界中独立生存,是鸟类在自然界中生存所面临的挑战。有些鸟类是天然的艺术设计大师,建筑了复杂精巧的巢穴工程,或者将巢穴隐藏在植物内部,以避免食肉动物的搜寻。

还有一些特殊的鸟类,它们并不建筑巢穴,也不抚养后代。而是采取更加狡猾的巢寄生的方式来繁育后代。它们从不自己筑巢,而选择在其他鸟类的巢里产卵,让其他鸟(俗称宿主鸟)孵化鸟卵并照顾它们的幼鸟。布谷鸟就属于这种类型,采用了最典型的巢寄生的生活方式。布谷鸟被公认为自然界中比较残忍和具有欺骗艺术的专家。布谷鸟又名杜鹃鸟,其优美的叫声吸引了生物学研究者的广泛关注,令人惊讶的是布谷鸟有着不同寻常的繁殖方式,通常称为巢寄生。所谓巢寄生是指鸟类在繁育下一代的时候常常将自己的鸟蛋产于其他鸟类搭建的巢穴中,通过借助于其他宿主鸟进行孵化和养育自己的后代。它们采取的策略常常包括隐蔽和突袭。雌性布谷鸟只需 10 s 即可完成在宿主鸟巢穴中产下一个自己的卵并替换掉一枚由宿主鸟产下的鸟蛋,然后带着宿主鸟的蛋逃之夭夭,销声匿迹,处理后的"作案现场"让宿主鸟难以察觉。

布谷鸟可以寄生于各种鸟类的巢穴中,精心模仿宿主鸟蛋的颜色和图案,以与宿主的卵相匹配,从而避免被察觉。每只雌性布谷鸟专门研究一种特定的寄主物种。布谷鸟如何能够如此精确地模仿产下不易察觉的、与宿主鸟蛋相似颜色和图案的卵,这是自然界中的谜团之一。许多鸟类一开始识别出放在自己巢穴中的布谷鸟蛋,会选择丢掉这突如其来的奇怪鸟蛋,或者抛弃鸟巢另寻他处重新筑巢。因此,布谷鸟不断地试图改进其对宿主卵的模仿,而宿主鸟也试图找到检测是否是寄生卵的方法。宿主和寄生之间的斗争就像一场军备竞赛,双方都在各自较劲,互不相容,这也进一步应验了大自然物竞天择、适者生存的自然法则。

具有欺骗性的布谷鸟蛋若未被宿主鸟发现,则宿主鸟将会帮着布谷鸟孵化和喂养幼雏。通常,布谷鸟的蛋先于宿主鸟蛋被孵化出来,布谷鸟幼雏还有着一种特殊的本能会将宿主鸟的蛋无情地推出巢穴,这样使得宿主鸟会被迷惑,将当前的布谷鸟幼雏误认为自己的后代,从而悉心抚育。此外,一些被孵化出来的布谷鸟为了获取更多的被喂食的机会还会学习模仿宿主鸟幼雏的叫声。

莱维飞行(Lévy Flight)最早是法国数学家保罗·皮埃尔·莱维(Paul Pierre Lévy)提出的一种随机游走的数学模型,物体在进行随机游走时步长服从重尾分布(heavy-tailed)的特点。重尾分布是指以较大的概率取极大的值,即以较大的概率在局部位置进行大幅度的跳转,以跳出局部最优从而扩大搜索的范围。Reynolds 和 Frye 的研究也表明,果蝇会利用一系列直线飞行路径和突然的 90°跳转来探索新路径,从而产生莱维飞行式的间歇无标度搜索模式。在对自然界中生物的观察后发现,这类飞行方式探索目标常使用一系列直线飞行路径,会突然来一个大转弯,飞行风格表现为一种间歇式的自由搜索模式。许多生物(如驯鹿等)的行为轨迹都具有莱维飞行的特征。随后,这种行为被应用于优化和搜索,表现出更好的搜索性能。莱维飞行在二维和三维空间的搜索具有一定的遍历性,其搜索轨迹如图 3.1 所示。本书所研究的布谷鸟搜索算法就是模拟自然界中布谷鸟的寻窝产卵和莱维飞行的生物机理而提出来的。

3.2.2 布谷鸟搜索算法原理

基本布谷鸟搜索算法是模拟布谷鸟寻找适合产卵的鸟窝位置的过程,将自然界中布谷鸟寻窝产卵的生物特性抽象为数学模型,从而设计出布谷鸟基于莱维飞行搜索机制的优化算法,算法的形成基于 3 条理想的规则:

规则 1:每只布谷鸟每次只生产一个蛋,并随机选择寄生巢来孵化;

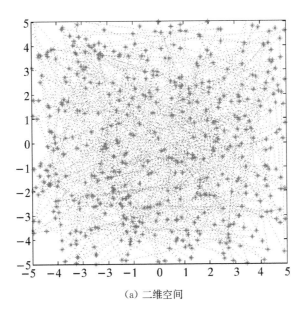

(a) 二维空间

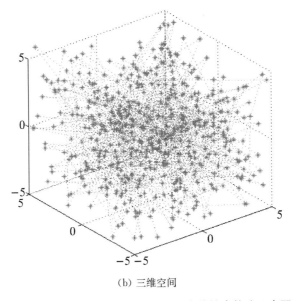

(b) 三维空间

图 3.1　莱维飞行在二维和三维空间内的搜索轨迹示意图

规则 2:随机选择一组寄生巢,最好的寄生巢根据优胜劣汰的生物进化理论将被继承给下一代;

规则 3:固定寄生巢的数量,宿主鸟发现一个外来寄生蛋的概率是 $P_a \in [0,1]$。

基于上述规则,宿主鸟可抛出鸟蛋,亦可放弃鸟巢,重新建造。其基本算法流程如算法 3-1 所示,其搜索算法流程图如图 3.2 所示。

算法 3-1: CS 算法

Begin

初始化种群 n 个宿主鸟巢位置 $\boldsymbol{X}_i (i=1,2,\cdots,n)$;

计算适应度值 $F_i = f(\boldsymbol{X}_i)$,$\boldsymbol{X}_i = (x_{i1}, x_{i2}, \cdots, x_{iD})^{\mathrm{T}}$;

While($nFE < max\ NFEs$) or ($stop\ criterion$)

采用 $Lévy\ flights$ 生成新的解 $\boldsymbol{X}_i$;

计算新解 $\boldsymbol{X}_i$ 的适应度值 F_i;

随机选择候选解 $\boldsymbol{X}_j$;

If($F_i > F_j$)

用新的解替代候选解;

End

按发现概率 p_a 丢弃差的解;

用偏好随机游动产生新的解替代丢弃的解;

保留当前最好解;

End while

End

在 CS 算法中,莱维飞行随机游动和偏好随机游动是两个重要的搜索策略,负责全局搜索与局部寻优。在迭代过程中,CS 算法首先在当前解的基础上以莱维飞行随机游动方式生成新的解,评价后以贪婪方式选择较好的解;其次,为了增加多样性,以概率 P_a 放弃部分解;最后,采用偏好随机游动方式重新生成与被放弃解相同数量的新解,在评价并保留较好的解之后,完成一次迭代过程。

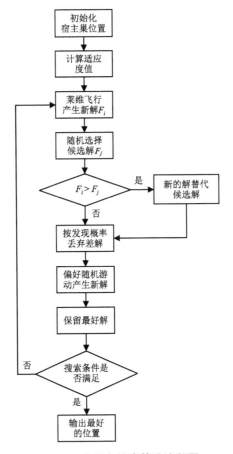

图 3.2 布谷鸟搜索算法流程图

在莱维飞行搜索策略中,算法根据公式(3.1)进行布谷鸟寻窝搜索路径和位置的更新,并通过新的搜索位置 X_i^{t+1} 生成适应度值 F_i:

$$X_i^{t+1} = X_i^t + \alpha \oplus Lévy(\lambda) \tag{3.1}$$

其中,$i \in \{1, 2, \cdots, n\}$,$n$ 为鸟巢数量,X_i^t 和 X_i^{t+1} 表示第 i 个鸟窝在第 t 代和 $t+1$ 代的位置向量($X_i = x_{i1}, x_{i2}, x_{i3}, \cdots, x_{iD}$,$D$ 为每个鸟窝的维数)。α 为步长大小,用于控制随机搜索的范围,$\alpha = \alpha_0 (X_i^t - X_{best})$,$\alpha_0$ 是常数($\alpha_0 = 0.01$),X_{best} 表示当前最优解。$\oplus$ 为点对点乘法。$Lévy(\lambda)$ 为随机搜索路径与时间 t 的关系服从 $Lévy$ 分布,表现为随机幂次形式的概率密度函数,见式(3.2):

$$Lévy \sim u = t^{-\lambda}, 1 < \lambda \leqslant 3 \tag{3.2}$$

式(3.1)本质上是利用当前位置与转移概率达到随机行走的马尔可夫链。

若随机步长服从 $Lévy$ 分布,则其飞行步长 s 的定义如式(3.3)所示:

$$s = \frac{u}{|v|^{\frac{1}{\beta}}} \tag{3.3}$$

$$\delta_u = \left\{ \frac{\Gamma(1+\beta)\sin(\pi\beta/2)}{\Gamma[(1+\beta)/2]\beta 2^{(\beta-1)/2}} \right\}^{1/\beta}, \quad \delta_v = 1 \tag{3.4}$$

其中,u,v 为正态分布,$u \sim N(0, \delta_u^2)$,$v \sim N(0, \delta_v^2)$,$\lambda = 1 + \beta$,$\beta = 1.5$。

综上公式,新的搜索位置 X_i^t 可归纳为式(3.5):

$$\boldsymbol{X}_i^{t+1} = \boldsymbol{X}_i^t + \alpha_0 \frac{u}{|v|^{\frac{1}{\beta}}} (\boldsymbol{X}_i^t - \boldsymbol{X}_{\text{best}}) \tag{3.5}$$

在偏好随机游动搜索策略中,算法以混合变异和交叉操作的方式重新生成若干个新解:

$$\boldsymbol{X}_i^{t+1} = \boldsymbol{X}_i^t + r(\boldsymbol{X}_j^t - \boldsymbol{X}_k^t) \tag{3.6}$$

其中,r 是缩放因子,是 $(0,1)$ 区间的均匀分布随机数,$\boldsymbol{X}_j^t$ 和 $\boldsymbol{X}_k^t$ 为两个随机的解。

3.2.3 布谷鸟搜索算法的特点

布谷鸟搜索算法的特点主要表现为四个方面:

(1) 参数少,模型简单。除了种群规模之外,CS 算法仅通过一个参数 P_a 进行搜索调节。而算法的收敛速度对参数 P_a 不敏感,这意味着 CS 算法的通用性很好,鲁棒性较强。

(2) 全局收敛性。CS 算法具有全局收敛性能。

(3) 局部搜索和全局搜索能力。局部搜索通过定向地随机游走能够改善最优解,全局搜索通过莱维飞行来保持种群的多样性。随机搜索的两个分量之间的平衡由切换概率 P_a 控制,使得 CS 算法能够在全局范围内更有效地探索求解空间,从而有效保持种群的多样性。

(4) 莱维飞行进行全局搜索,而不是基于高斯过程的标准随机游走。莱维飞行具有无限的均值和方差,保证 CS 算法能够更加有效地探索搜索空间,因此能够更加高效地发现全局最优。

虽然布谷鸟搜索算法在全局优化中表现出一定的优势,但算法还存在一些不足,如收敛速度不够快速,进化后期种群多样性不足。

3.2.4　CS 算法求解全局优化问题的局限性

在 CS 算法中,莱维飞行搜索机制利用随机游动进行全局探测,根据偏好随机游动搜索策略指导局部寻优。复杂的全局优化问题由于多极值且变量间相互独立等特点,需要算法尽可能搜索到全局较好解的分布范围,扩大精细搜索力度。而基本的 CS 算法全局优化却存在以下局限性:

(1) 在迭代过程中,布谷鸟在当前位置的基础上以随机游动方式产生新的位置,单一的随机游动策略的搜索方式在搜索过程中具有很强的盲目性,导致难以快速地搜索到全局最优值,开发性能不足,搜索精度不高。

(2) 搜索到的位置评价后算法总是以贪婪的方式选择较好的解,保存全局最优位置,而全局优化问题多极值使得布谷鸟易陷入对先前环境的局部寻优,导致早熟收敛。

(3) CS 算法是以概率 P_a 放弃部分解而采用偏好随机游动方式重新生成新解来增加搜索位置的多样性,却忽视了学习与继承种群内优势群体的优良经验,增加了搜索空间的计算量与时间复杂度。

3.3　PSCS 算法的基本策略

由于莱维飞行其自身的特性使得搜索性能具有较好的随机性与全局探测能力,但是当面对复杂的全局优化问题的求解时,其局限性就显露出来了。针对上述三点不足,本章分别提出模式搜索趋化策略、自适应竞争排名机制与合作分享策略来弥补该算法在复杂的全局优化问题中的局限性。以期达到全局搜索和局部开发的平衡,使得算法的搜索性能更加优越。

3.3.1　模式搜索趋化策略

基于模式搜索局部趋化的布谷鸟算法的策略是以 CS 算法为基本框架,将模式搜索方法作为一种局部趋化搜索算子,嵌入到 CS 算法中,以加强求解精度。模式搜索(Pattern Search,PS)也叫 Hooke-Jeeves 算法,是由 Hooke 和 Jeeves 提出的一种基于坐标搜索法改进的搜索方法。该方法的原理是若要寻找搜索区域的最低点,可以先确定一条通往区域中心的山谷,然后沿着该山谷线方向进行搜索。探测移动(exploratory move)和模式移动(pattern move)是这种趋化策略的两个重要步骤,在迭代过程中交替进行,最终到达理想的求解精度。其中,探测移动的目的是探寻有利的趋化方向,而模式移动则沿着有利的方向快速搜索。其计算步骤如算法 3-2 所示。

算法 3-2: 模式搜索趋化策略

Begin

给定趋化策略的起始位置 x_1,步长 δ,分别设置加速、减速因子 α,β,步长计算精度 ε,k 和 j 为 1;

确定初始位置 $y_1 = x_k$;

While($\delta \leqslant \varepsilon$ and $j \leqslant D$)

采用探测移动:从参考点出发,依次沿坐标轴方向 $d_j (j = 1, 2, \cdots, D)$ 进行两个方向的探测;

    沿正轴方向:若目标函数值 $f(y_j + \delta d_j) < f(y_j)$,设置 $y_{j+1} = y_j + \delta d_j$,否则沿负轴方向探测;

    沿负轴方向:若目标函数值 $f(y_j - \delta d_j) < f(y_j)$,设置 $y_{j+1} = y_j - \delta d_j$,否则沿正轴方向探测;

    得到新的位置 y_{j+1},设置 $x_{k+1} = y_{j+1}$;

进行模式移动:沿着理想的目标函数值下降方向进行加速搜索;

若 $f(x_{k+1}) < f(x_k)$,设置 $y_1 = x_{k+1} + \alpha(x_{k+1} - x_k)$,$k = k + 1$;

否则,缩短轴向移动步长 $\delta = \delta \beta$;

保留最好解;

End while

End

PS 趋化策略的本质是通过不断地成功的迭代,实现搜索步长的模式改进,从而加速算法的收敛。通过对当前搜索位置的探测与模式移动,达到趋化于更优值的直接搜索。在迭代过程中若找到相对于当前位置的更优点,则步长递增,并从该点位置进行下一次迭代;否则步长递减,继续搜索当前位置。

以图 3.3 为例,若 x_k 迭代成功,则下次迭代从待定位置 $x' = x_k + \alpha(x_k -$

x_{k-1})开始探测,其中 $x_k - x_{k-1}$ 为模式步长,沿着模式步长方向搜寻优于位置 x_k 更好的解。无论是否存在 $f(x') \leqslant f(x_k)$,都将以 x' 为基准位置进行坐标搜索。若 x' 坐标搜索成功,则令 $x_{k+1} = x'$,并从 x_{k+1} 位置开始新的迭代搜索;否则,坐标搜索在 x_k 处展开。若在位置 x_k 坐标搜索失败,则新一轮的坐标搜索步长减半,在 x_{k-1} 处展开。若在 x_{k-1} 处搜索仍然失败,则回溯并重复上述过程。

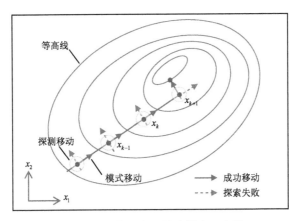

图 3.3   PS 算法步长搜索模式示意图

模式搜索趋化策略是在算法的迭代过程中,如果满足 $mod(gen, T)$ 的整除条件,gen 表示当前迭代次数,$T = 2 * D$ 为与维数相关的模式搜索参数。这样在搜索的过程中,先由 CS 算法执行全局搜索得到新的群体,采用自适应竞争排名构建优势巢穴集,如果满足模式搜索条件,根据合作分享策略利用优势巢穴集生成新的模式搜索起始位置,从而利用 PS 搜索策略对该位置进行局部趋化,并评价优化后的结果,加强求解精度。

3.3.2   自适应竞争排名构建机制

为了有效求解复杂多极值全局优化问题,避免算法陷入局部最优,本章提出了一种自适应竞争排名构建方法,该方法根据适应度值进行自适应竞争排名,排在前面的构成优势巢穴集。该方法可使迭代初期强化竞争,减少排名数量,加快搜索;而在迭代后期放宽名次数量,优势巢穴集扩大,便于合作分享信息,避免早熟。

构建优势巢穴集 $Nest_{set}$ 的具体实施方法如下:根据排名机制保存多个优质巢穴,这些巢穴对应多个全局最好位置解,用这些解来指导模式搜索及位置更

新,然后从更新后的 n 个巢穴中选取排名前 R 的优势巢穴进行保存。R 的定义如(3.7)式所示:

$$
R = \begin{cases} ceil\left(\left(R_{\max} - (R_{\max} - R_{\min}) \cdot \dfrac{2 \cdot (nFE - 1)}{\max NFES}\right) \cdot n\right) & \text{if } nFE \leqslant \dfrac{1}{2} \max NFES \\ floor\left(\left(R_{\min} + (R_{\max} - R_{\min}) \cdot \dfrac{nFE}{\max NFES}\right) \cdot n\right) & \text{if } nFE > \dfrac{1}{2} \max NFES \end{cases}
$$

$$(3.7)$$

其中,$R_{\max}$ 和 $R_{\min}$ 分别表示最大和最小排名数,$ceil(\cdot)$ 与 $floor(\cdot)$ 则表示向上和向下取整,nFE 为当前评价次数,$\max NFES$ 是最大评价数。

通过这种自适应竞争排名机制构建优势巢穴集,使得迭代初期优势巢穴集较小,有利于快速搜索到全局较优解并能增强模式搜索的局部趋化能力,加速算法收敛。迭代中后期,该策略利用自适应排名机制的巢穴集,扩大了搜索范围,抑制过快早熟,从而使得算法不易陷入局部最优,保持了种群的多样性。

3.3.3 合作分享策略

基本的 CS 算法中采用的是偏好随机游动搜索策略,该策略存在启发信息不足,搜索慢的问题,为此,提出了一种合作分享策略。该策略利用合作分享优势集搜索机制,代替混合变异和交叉操作方式生成若干新解,有利于强化优势经验的学习。具体实施方法为:布谷鸟在位置更新时,随机选择一个优势巢穴集中的位置供当前模式搜索信息分享,该优势巢穴作为新的局部搜索的起始位置,指导模式搜索趋化寻优,从而避免过早收敛,防止陷入局部最优。合作分享策略引入线性惯性权重,以加强全局指导能力。利用合作分享策略选择模式搜索的起始位置,其分享策略如式(3.8)所示:

$$
\boldsymbol{V}_i = \boldsymbol{Nest}_{\text{set}}^{k} + \varphi \cdot w \cdot (\boldsymbol{X}_j - \boldsymbol{Nest}_{\text{set}}^{k}) \tag{3.8}
$$

$\boldsymbol{Nest}_{\text{set}}^{k}$ 为从优势巢穴集中随机选择一只布谷鸟 k 的巢穴位置,分享因子 $\varphi = rand[-1, 1]$,w 为线性惯性权重,其计算公式如式(3.9)所示。

$$
w = w_{\min} + \frac{nFE}{\max NFES} \cdot (w_{\max} - w_{\min}) \tag{3.9}
$$

对于全局优化问题,其目标函数值无限接近 0 时,对应的适应度值也非常小,当适应度值小于一定数量级的时候,很难区分适应度值的大小。为了解决这一问题,算法在实施过程中直接采用目标函数值来代替适应度值。

PSCS 算法的步骤如算法 3-3 所示。

算法 3-3:PSCS 算法

Begin

初始化 n 个布谷鸟巢穴 $\boldsymbol{X}_i(i=1, 2, \cdots, n)$,迭代次数 gen 的初始值设为 1;

计算各个巢穴位置 $\boldsymbol{X}_i=(x_{i1}, x_{i2}, \cdots, x_{iD})^{\mathrm{T}}$ 的适应度值 $F_i=f(X_i)$;

While($nFE <$ max $NFES$)或(满足求解精度条件)

(全局探测阶段)

采用莱维飞行随机游动机制产生新的巢穴位置 $\boldsymbol{X}_i$;

评价新的巢穴位置 $\boldsymbol{X}_i$ 的适应度值 $f(\boldsymbol{X}_i)$;

随机选择一个候选巢穴位置 $\boldsymbol{X}_j$;

If($f(\boldsymbol{X}_i) < f(\boldsymbol{X}_j)$)

用新的巢穴位置 $\boldsymbol{X}_i$ 替代候选巢穴 $\boldsymbol{X}_j$;

End

按一定发现概率 P_a 丢弃差的巢穴;

(局部开发阶段)

自适应竞争排名构建机制:利用式(3.7)选取排名前 R 的优势巢穴,保存为 $\boldsymbol{Nest}_{\mathrm{set}}$;

合作分享策略:利用式(3.8)产生新的巢穴位置 $\boldsymbol{V}_k$ 替代丢弃位置并保留最好解;

If($mod(gen, T)=0$)

模式搜索趋化策略:将巢穴位置 $\boldsymbol{V}_k$ 作为模式搜索的起始位置进行局部趋化于 $\boldsymbol{V}_k^*$;

If($f(\boldsymbol{V}_k^*) < f(\boldsymbol{X}_i)$)

用新的巢穴位置 $\boldsymbol{V}_k^*$ 替代候选巢穴 $\boldsymbol{X}_i$;

End

$gen=gen+1$ 并保存最好解;

End while($nFE=$ max $NFES$)

End

3.4　计算机数值仿真实验结果与算法比较

3.4.1　测试函数与评价标准

对这类优化算法的测评,有一些经典的测试函数。为了全面验证本章提出的 PSCS 算法的有效性和先进性,共选用了 52 个具有代表性的且为不同类型的典型测试函数对算法进行全面测试。测试函数主要分为三类。第一类是典型常用的 16 个高维测试函数,有 Ackley(AC)、Griewank(GR)、Penalized 1(P_1)、Penalized 2(P_2)、Quartic Noise(QN)、Rastrigin(RA)、NC_Rastrigin(NR)、Rosenbrock(RO)、Schwefel 1.2(S_{12})、Sphere Model(SM)、Step(ST)、Schwefel 2.21(S_{21})、Schwefel 2.22(S_{22})、Schwefel 2.26(S_{26})、Weierstrass(WE)和 Zakharov(ZA)。所有函数的理论最优值都为 0,如表 3.1 所示。其中,对 S_{26} 函数进行修正为求解全局最小值。这些测试函数固定维度为 30,求解困难,对于算法的全局优化性能要求较高。以全局优化复杂单模态的高维 Rosenbrock 香蕉型函数问题为例,其内部是一个长而狭窄、形如抛物线的平坦山谷地带,变量间相互关联,很难收敛于全局最优。目前已有的算法迭代后期基本停止进化,求解精度不高。第二类选用了 26 个固定维数的测试函数[72],Bohachevsky 1(BO_1)、Bohachevsky 2(BO_2)、Branin(BR)、Easom(ES)、Goldstein Price(GP)、Shekel's Foxholes(SF)、Six Hump Camel Back(SB)、Shubert(SH)、Schaffer(SC)、Hartman 3($H_{3,4}$)、Helical Valley(HV)、Colville(CO)、Kowalik(KO)、Perm(PE)、Power Sum(PS)、Shekel 5($S_{4,5}$)、Shekel 7($S_{4,7}$)、Shekel 10($S_{4,10}$)、Hartman 6($H_{6,4}$)、Michalewicz(MI)、Whitley(WI)、Fletcher Powell(FP)、Modified Langerman(ML)、Modified Shekel's Foxholes(MS)、Powell(PO)、Expansion F10(EF),示于表 3.2。其维数为指定的固定值,从 2 维至 25 维不等,部分函数搜索难度极高,如 FP、$S_{4,10}$ 和 ML 等复杂多模态函数,这些函数表现为非对称,局部最优解随机分布,选择这些复杂的函数可以更好地测试本章算法的通用性。表 3.2 中的固定维数的测试函数的理论最优值示于表 3.3。第三类为具有扰动的测试函数,以进一

表 3.1 典型常用的 16 个高维测试函数

S_y	函数名称	D	函数方程	取值范围	最优解	特征
AC	Ackley	30	$AC(X) = -20\exp\left(0.2\sqrt{\dfrac{1}{D}\sum_{i=1}^{D}x_i^2}\right) - \exp\left(\dfrac{1}{D}\sum_{i=1}^{D}\cos(2\pi x_i)\right) + 20 + e$	$[-100,\,100]^D$	0	MN
GR	Griewank	30	$GR(X) = 1 + \sum_{i=1}^{D}\left(\dfrac{x_i^2}{4\,000}\right) - \prod_{i=1}^{D}\left[\cos\left(\dfrac{x_i}{\sqrt{i}}\right)\right]$	$[-600,\,600]^D$	0	MN
P_1	Penalized1	30	$P_1(X) = \dfrac{\pi}{D}\left\{10\sin^2(\pi y_1) + \sum_{i=1}^{D-1}(y_i-1)^2[1+10\sin^2(\pi y_{i+1})] + (y_n-1)^2\right\} + \sum_{i=1}^{D}u(x_i,\,10,\,100,\,4)$	$[-50,\,50]^D$	0	MN
P_2	Penalized2	30	$P_2(X) = \dfrac{\pi}{D}\{10\sin^2(3\pi y_i) + \sum_{i=1}^{D-1}(y_i-1)^2[1+10\sin^2(\pi y_{i+1})] + (y_D-1)^2\} + \sum_{i=1}^{D}u(x_i,\,5,\,100,\,4)$	$[-50,\,50]^D$	0	MN
QN	Quartic Noise	30	$QN(X) = \sum_{i=1}^{D-1}ix_i^4 + rand[0,1)$	$[-1.28,\,1.28]^D$	0	US
RA	Rastrigin	30	$RA(X) = 10\cdot D + \sum_{i=1}^{D}[x_i^2 - 10\cos(2\pi x_i)]$	$[-5.12,\,5.12]^D$	0	MS
NR	NC_Rastrigin	30	$NR(X) = 10\cdot D + \sum_{i=1}^{D}[y_i^2 - 10\cos(2\pi y_i)]\quad y_i = \begin{cases} x_i & |x_i| < 0.5 \\ \dfrac{round(2x_i)}{2} & |x_i| \geqslant 0.5 \end{cases}$	$[-5.12,5.12]^D$	0	MS

（续表）

S_y	函数名称	D	函数方程	取值范围	最优解	特征
RO	Rosenbrock	30	$RO(X)=\sum_{i=1}^{D-1}\left[100(x_{i+1}-x_i^2)^2+(1-x_i)^2\right]$	$[-50,50]^D$	0	UN
S_{12}	Schwefel1.2	30	$S_{12}(X)=\sum_{i=1}^{D}\left(\sum_{j=1}^{i}x_j\right)^2$	$[-100,100]^D$	0	UN
SM	Sphere Model	30	$SM(X)=\sum_{i=1}^{D}x_i^2$	$[-100,100]^D$	0	US
ST	Step	30	$ST(X)=\sum_{i=1}^{D-1}(\lfloor x_i+0.5\rfloor)^2$	$[-100,100]^D$	0	US
S_{21}	Schwefel2.21	30	$S_{21}(X)=\max_i(|x_i|,1\leqslant i\leqslant D)$	$[-100,100]^D$	0	UN
S_{22}	Schwefel2.22	30	$S_{22}(X)=\sum_{i=1}^{D}|x_i|+\prod_{i=1}^{D}x_i$	$[-10,10]^D$	0	UN
S_{26}	Schwefel2.26	30	$S_{26}(X)=\sum_{i=1}^{D}i\,x_i^4-x_i\sin(\sqrt{|x_i|})+418.98D$	$[-500,500]^D$	0	MN
WE	Weierstrass	30	$WE(X)=\sum_{i=1}^{D}\left(\sum_{k=0}^{k_{max}}[a^k\cos(2\pi b^k(x_i+0.5))]\right)-D\sum_{k=0}^{k_{max}}[a^k\cos(2\pi b^k 0.5)]$ $a=0.5,b=3,k_{max}=20$	$[-0.5,0.5]^D$	0	MN
ZA	Zakharov	30	$ZA(X)=\sum_{i=1}^{D}x_i^2+\left(\sum_{i=1}^{D}0.5i\,x_i\right)^2+\left(\sum_{i=1}^{D}0.5i\,x_i\right)^4$	$[-5,10]^D$	0	UN

表 3.2 典型的 26 个固定维数的测试函数

S_y	函数名称	D	函数方程	取值范围	最优解	特征
BO_1	Bohachevsky1	2	$BO_1(X) = [x_1^2 + 2x_2^2 - 0.3\cos(3\pi x_1) - 0.4\cos(4\pi x_2) + 0.7]$	$[-100,100]^D$	0	MS
BO_2	Bohachevsky2	2	$BO_2(X) = \sum_{i=1}^{D-1} x_i^2 + 2x_{i+1}^2 - 0.3\cos(3\pi x_i)\cos(4\pi x_{i+1}) + 0.3$	$[-100,100]^D$	0	MN
BR	Branin	2	$BR(X) = \left(x_2 - \frac{5.1}{4\pi^2}x_1^2 + \frac{5}{\pi}x_1 - 6\right)^2 + 10\left(1 - \frac{1}{8\pi}\right)\cos x_1 + 10$	$[-5,15]^D$	0.3979	MN
ES	Easom	2	$ES(X) = -\cos(x_1)\cos(x_2)\exp\left[-(x_1-\pi)^2 + (x_2-\pi)^2\right]$	$[-10,10]^D$	-1	UN
GP	Goldstein Price	2	$GP(X) = [1 + (x_1+x_2+1)^2(19 - 14x_1 + 3x_1^2 - 14x_2 + 6x_1x_2 + 3x_2^2)] * [30 + (2x_1 - 3x_2)^2(18 - 32x_1 + 12x_1^2 + 48x_2 - 36x_1x_2 + 27x_2^2)]$	$[-2,2]^D$	3	MN
SF	Shekel's Foxholes	2	$SF(X) = \left[\frac{1}{500} + \sum_{j=1}^{25}\dfrac{1}{j + \sum_{i=1}^{2}(x_i - a_{ij})^6}\right]^{-1}$	$[-65.536, 65.536]^D$	0.998004	MN
SB	Six Hump Camel Back	2	$SB(X) = 4x_1^2 - 2.1x_1^4 + x_1^6/3 + x_1x_2 - 4x_2^2 + 4x_2^4$	$[-5,5]^D$	-1.03163	MN
SH	Shubert	2	$SH(X) = \left(\sum_{i=1}^{5} i\cos[(i+1)x_1 + i]\right)\left(\sum_{i=1}^{5} i\cos[(i+1)x_2 + i]\right)$	$[-10,10]^D$	-186.7309	MN
SC	Schaffer	2	$SC(X) = 0.5 + \dfrac{\sin^2\sqrt{\sum_{i=1}^{D}x_i^2} - 0.5}{\left[1 + 0.001(\sum_{i=1}^{D}x_i^2)\right]^2}$	$[-100,100]^D$	0	MN
$H_{3,4}$	Hartman3	3	$H_{3,4}(X) = -\sum_{i=1}^{4} c_i \exp\left[-\sum_{j=1}^{3} a_{ij}(x_j - p_{ij})^2\right]$	$[0,1]^D$	-3.862782	MN

（续表）

S_y	函数名称	D	函数方程	取值范围	最优解	特征
HV	Helical Valley	3	$HV(X) = 100\{[x_3 - 10\theta(x_1, x_2)]^2 + (\sqrt{x_1^2 + x_2^2} - 1)^2\} + x_3^2$ $\theta(x_1, x_2) = \begin{cases} (1/2\pi)\tan^{-1}(x_2/x_1) & x_1 > 0 \\ (1/2\pi)\tan^{-1}(x_2/x_1) + 0.5, & x_1 < 0 \end{cases}$	$[-10, 10]^D$	0	UN
CO	Colville	4	$CO(X) = 100(x_1^2 - x_2)^2 + (x_1 - 1)^2 + (x_3 - 1)^2 + 90(x_3^2 - x_4)^2 + 10.1[(x_2 - 1)^2 + (x_4 - 1)^2] + 19.8(x_2 - 1)(x_4 - 1)$	$[-10, 10]^D$	0	UN
KO	Kowalik	4	$KO(X) = \sum_{i=1}^{11}\left[a_i - \dfrac{x_1(b_i^2 + b_i x_2)}{b_i^2 + b_i x_3 + x_4}\right]^2$	$[-5, 5]^D$	3.07E-04	MN
PE	Perm	4	$PE(X) = \sum_{k=1}^{D}\left\{\sum_{i=1}^{D}(i^k + 0.5)[(x_i/i)^k - 1]\right\}^2$	$[-D, D]^D$	0	MN
PS	Power Sum	4	$PS(X) = \sum_{k=1}^{D}\left(\sum_{i=1}^{D} x_i^k - b_k\right)^2 \quad b = [8, 18, 44, 114]$	$[-D, D]^D$	0	MN
$S_{4,5}$	Shekel5	4	$S_{4,5}(X) = -\sum_{i=1}^{5}[(x - a_i)(x - a_i)^T + c_i]^{-1}$	$[0, 10]^D$	$-10.153\,2$	MN
$S_{4,7}$	Shekel7	4	$S_{4,7}(X) = -\sum_{i=1}^{7}[(x - a_i)(x - a_i)^T + c_i]^{-1}$	$[0, 10]^D$	$-10.402\,94$	MN
$S_{4,10}$	Shekel10	4	$S_{4,10}(X) = -\sum_{i=1}^{10}[(x - a_i)(x - a_i)^T + c_i]^{-1}$	$[0, 10]^D$	$-10.536\,41$	MN
$H_{6,4}$	Hartman6	6	$H_{6,4}(X) = -\sum_{i=1}^{4} c_i \exp\left[-\sum_{j=1}^{6} a_{ij}(x_j - p_{ij})^2\right]$	$[0, 1]^D$	$-3.322\,368$	MN

（续表）

Sy	函数名称	D	函数方程	取值范围	最优解	特征
MI	Michalewicz	10	$MI(X)=\sum_{i=1}^{D}\sin(x_i)\left[\sin\left(\dfrac{i\,x_i^2}{\pi}\right)\right]^{20}$	$[0,1]^{D}$	$-9.660\,152$	MS
WI	Whitley	10	$WI(X)=\sum_{k=1}^{D}\sum_{i=1}^{D}\left[\dfrac{y_{j,k}^2}{4\,000}-\cos(y_{j,k})+1\right]$ $y_{j,k}=100(x_k-x_j^2)^2+(1-x_j)^2$	$[-100,\,100]^{D}$	0	MN
FP	Fletcher Powell	2 5 10	$FP(X)=\sum_{i=1}^{D}(A_i-B_i)^2 \quad A_i=\sum_{j=1}^{D}(a_{ij}\sin\alpha_j+b_{ij}\cos\alpha_j)$ $B_i=\sum_{j=1}^{D}(a_{ij}\sin x_j+b_{ij}\cos x_j)$	$[-\pi,\,\pi]^{D}$	0	MN
ML	Modified Langerman	10	$ML(X)=\sum_{j=1}^{m}c_j\exp\left[-1/\pi\sum_{i=1}^{D}(x_i-a_{ji})^2\right]\cos\left[\pi\sum_{i=1}^{D}(x_i-a_{ji})^2\right]$	$[0,\,10]^{D}$	-0.965	MN
MS	Modified Shekel's Foxholes	10	$MS(X)=\sum_{j=1}^{30}1/\left[c_j+\sum_{i=1}^{D}(x_i-a_{ji})^2\right]$	$[0,\,10]^{D}$	-10.2088	MN
PO	Powell	24	$PO(X)=\sum_{j=1}^{\frac{D}{4}}[(x_{4i-3}+10x_{4i-2})^2+5(x_{4i-1}-x_{4i})^2+(x_{4i-2}+2x_{4i-1})^4$ $+10(x_{4i-3}-x_{4i})^4]$	$[-4,\,5]^{D}$	0	UN
EF	Expansion F10	25	$EF(X)=f_{10}(x_1,x_2)+\cdots+f_{10}(x_{i-1},x_i)+\cdots+f_{10}(x_n,x_1)$ $f_{10}(x,y)=(x^2+y^2)^{0.25}\cdot[\sin^2(50\cdot(x^2+y^2)^{0.1})+1]$	$[-100,\,100]^{D}$	0	MN

表 3.3 典型的固定维数测试函数的最优值

Sy	最优解对应的位置 x^*	最优解
BO_1	$(0,0)$	0
BO_2	$(0,0)$	0
BR	$(-3.14, 12.275)$, $(3.14, 2.275)$, $(9.42, 2.47)$	0.397 9
ES	(π, π)	-1
GP	$(0, -1)$	3
SF	$(-32, 32)$	0.998 004
SB	$(0.089\,8, -0.712\,6)$, $(-0.089\,8, 0.712\,6)$	$-1.031\,63$
SH	760 local minima, 18 global minima	$-186.730\,9$
SC	$(0,0)$	0
$H_{3,4}$	$(0.114\,614, 0.555\,649, 0.852\,547)$	$-3.862\,782$
HV	$(1, 0, 0)$	0
CO	$(1, 1, 1, 1)$	0
KO	$(0.192, 0.190, 0.123, 0.135)$	3.0748E$-$04
PE	$(1, 2, 3, 4)$	0
PS	$(1, 2, 2, 3)$	0
$S_{4,5}$	5 local minima in a_{ij}, $j=1, 2, \cdots, 5$	$-10.153\,2$
$S_{4,7}$	7 local minima in a_{ij}, $j=1, 2, \cdots, 7$	$-10.402\,94$
$S_{4,10}$	10 local minima in a_{ij}, $j=1, 2, \cdots, 10$	$-10.536\,41$
$H_{6,4}$	$(0.201\,690, 0.150\,011, 0.476\,874, 0.275\,332, 0.311\,652, 0.657\,301)$	$-3.322\,368$
FP_2	(α, α)	0
FP_5	$(\alpha, \alpha, \cdots, \alpha)^5$	0
FP_{10}	$(\alpha, \alpha, \cdots, \alpha)^{10}$	0
ML_{10}	$(8.074, 8.777, 3.467, 1.867, 6.708, 6.349, 4.534, 0.276, 7.633, 1.567)$	-0.965
MS_{10}	$(8.025, 9.152, 5.114, 7.621, 4.564, 4.711, 2.996, 6.126, 0.734, 4.982)$	-10.2088
MI	n! local minima	$-9.660\,152$
WI	$(1, 1, \cdots, 1)^{10}$	0
PO	$(0, 0, \cdots, 0)^{24}$	0
EF	$(0, 0, \cdots, 0)^{25}$	0

步验证 PSCS 算法求解连续全局优化问题的适应性与鲁棒性。选用了文献
[149]中的前 10 个复杂变换后的测试函数 $F_1 \sim F_{10}$ 以便于与近年来新提出的
CS 改进算法进行比较。这些复杂的测试函数中包括变换和旋转的单峰和多峰
函数,且变量间存在相互独立与相互关联的特征,所以,这些函数在算法的求解
过程中难度较高。

采用上述测试函数对 PSCS 算法进行了测试,并与传统的 CS 算法、近年来
提出的改进的 CS 算法以及其他智能优化算法进行了实验比较。实验设备为一
般笔记本电脑,CPU 为 Intel(R) Core(TM) 2 Duo CPU T6500 2.10 GHz,4G
内存,实验仿真软件用的是 Matlab 7.0。表 3.1 中的 Sy(Symbol)表示函数简
称,U(Unimodal)和 M(Multimodal)则分别表示函数的特征 C(Characteristic)
为单模和多模态。S(Separable)和 N(Nonseparable)则表示函数分离与不可分
离的特征。

为了更好地评估算法的性能,本章采用如下评价准则。

(1) 适应度值误差($Error$)。如式(3.10)所示:

$$Error = v^* - v^a \tag{3.10}$$

其中,$v^* = f(\boldsymbol{X})$ 表示算法搜索得到的解 $\boldsymbol{X}$ 对应的适应度值,$v^a = f(\boldsymbol{X}^*)$ 为
目标函数理论上的全局最优解 $\boldsymbol{X}^*$ 对应的适应度值。对于式(3.10)中的 Error
值的意义表现为值越小,求解精度越高。

(2) 函数成功运行评价次数($NFEs$)。是指当算法在每次运行时,在当前
函数评价次数没有达到最大评价次数且最优解的适应度值误差达到指定的求
解精度(小于一定阈值)时的函数评价次数。

实验中,本章算法将最大评价次数分别设置为 100 000 和 300 000,根据公
式(3.11)定义的误差容许范围,测试结果是否成功。

$$Error < \varepsilon_1 \mid v^a \mid + \varepsilon_2 \tag{3.11}$$

其中,ε_1 和 ε_2 为误差容许范围中精度控制参数 $\varepsilon_1 = \varepsilon_2$。其中前 42 个函数以及
$F_1 \sim F_5$ 的误差阈值精度设置为 10^{-6},$F_6 \sim F_{10}$ 的误差阈值为 10^{-2}。

(3) 函数寻优成功率(SR)。算法独立运行 30 次,达到误差阈值精度累计
成功的实验次数与总实验运行 30 次的比值。

（4）算法收敛加速率（AR）。为了测试算法的收敛速度,使用加速率来比较本章算法与 CS 算法的收敛速度,其公式定义如式(3.12)所示。其中 NFE_{CS} 和 NFE_{PSCS} 分别表示算法 CS 和 PSCS 关于函数的成功评价次数。

$$AR = \frac{NFE_{CS}}{NFE_{PSCS}} \tag{3.12}$$

（5）算法的复杂性（AC）。为定量评价算法的复杂性,采用式(3.13)度量算法的复杂性

$$AC = \frac{mean(T_2) - T_1}{T_0} \tag{3.13}$$

其中,T_0 表示执行特定的测试程序所需时间;T_1 表示在 200 000 次函数评价条件下,算法优化 F_3 函数所需时间;$mean(T_2)$ 表示在 200 000 次函数评价条件下,算法累计 5 次优化 F_3 函数所需的平均时间。

3.4.2　PSCS 算法参数设置

PSCS 算法中基本的参数设置与 CS 算法设置相同,为了便于算法的比较,种群规模设置为 30,固定维数为 30,发现概率 $P_a=0.25$。实验数据是在指定最大评价次数独立运行 30 次的情况下,取平均值 Mean,最好值 Best,最坏值 Worst,标准方差 SD(Standard Deviation)以及平均成功评价次数 NFEs。其中,平均成功评价次数是在 30 次独立运行下其收敛精度误差值小于指定阈值的平均成功评价次数。R_{max} 和 R_{min} 分别取 0.5 和 0.05。w_{min} 和 w_{max} 分别设置为 1 和 0.2。模式搜索中的 $\delta=0.2$, $\alpha=1.0$, $\beta=0.5$, $\varepsilon=\varepsilon_1=\varepsilon_2$。

为了测试模式搜索最大迭代次数 nPS 选择不同值时对算法的影响,防止局部信息权重过高,可能会使算法搜索陷入局部最优解。选用了表 3.1 中的 16 个高维复杂测试函数来评测模式搜索次数对算法性能的影响,其中包括 8 个单模和 8 个多模复杂函数。16 个测试函数全局最优值都为 0,30 维最大评价次数为 100 000 情况下的测试结果如表 3.4 和表 3.5 所示。其中,表 3.4 是对 16 个高维函数不同 nPS 次数设置下的平均误差实验结果,表 3.5 为不同 nPS 次数设置下的平均成功评价次数的结果。

表 3.4 对16个高维函数不同模式搜索参数次数设置下的平均误差实验结果

nPS	SM	RO	S_{12}	QN	ST	S_{21}	S_{22}	ZA
20	5.85E−09	1.54E+01	1.50E+01	2.17E−05	0.00E+00	1.30E−01	4.41E−04	3.58E+00
50	5.82E−18	1.88E−03	8.03E−01	4.84E−05	0.00E+00	6.41E−03	1.46E−08	3.65E+00
70	8.00E−24	6.70E−05	3.05E−01	7.16E−05	0.00E+00	2.85E−03	1.13E−11	1.14E+00
100	5.88E−33	1.46E−06	8.32E−02	5.29E−05	0.00E+00	1.91E−04	5.62E−16	5.84E−01
150	0.00E+00	2.85E−09	2.00E−03	2.30E−05	0.00E+00	9.83E−07	0.00E+00	1.10E−01
200	0.00E+00	1.13E−14	7.62E−05	4.59E−05	0.00E+00	2.76E−08	0.00E+00	4.42E−03
250	0.00E+00	1.69E−15	2.57E−06	1.46E−05	0.00E+00	1.67E−10	0.00E+00	2.12E−03
300	0.00E+00	6.46E−17	8.40E−08	6.61E−05	0.00E+00	3.23E−12	0.00E+00	2.34E−04
400	0.00E+00	2.38E−24	1.94E−10	4.57E−05	0.00E+00	3.55E−15	0.00E+00	5.00E−06

nPS	AC	GR	P_1	P_2	RA	NR	S_{26}	WE
20	7.61E−05	4.51E−08	6.92E−08	3.94E−09	1.33E+00	1.60E+01	5.81E−04	7.35E−01
50	2.25E−09	0.00E+00	2.32E−16	4.92E−18	1.65E−12	1.50E+01	1.36E−10	2.20E−03
70	2.02E−12	0.00E+00	3.27E−22	1.28E−23	9.95E−01	1.60E+01	0.00E+00	4.20E−06
100	3.41E−14	0.00E+00	2.78E−32	1.35E−32	1.33E+00	1.70E+01	0.00E+00	1.66E−14
150	2.91E−14	0.00E+00	1.57E−32	1.35E−32	1.39E+00	1.64E+01	0.00E+00	7.11E−15
200	3.27E−14	0.00E+00	1.57E−32	1.35E−32	1.99E+00	1.57E+01	0.00E+00	1.18E−14
250	3.27E−14	0.00E+00	1.57E−32	1.35E−32	1.99E+00	1.67E+01	0.00E+00	9.47E−15
300	2.77E−14	0.00E+00	1.57E−32	1.35E−32	1.33E+00	1.80E+01	0.00E+00	9.47E−15
400	3.13E−14	0.00E+00	1.57E−32	1.35E−32	1.33E+00	1.67E+01	0.00E+00	9.47E−15

表 3.5 对 16 个高维函数不同模式搜索参数次数设置下的平均成功评价次数

nPS	SM	RO	S_{12}	QN	ST	S_{21}	S_{22}	ZA
20	48 267	100 000	100 000	100 000	20 513	100 000	100 000	100 000
50	6 083	100 000	100 000	100 000	23 117	100 000	15 817	100 000
70	3 670	100 000	100 000	100 000	23 243	100 000	3 670	100 000
100	3 700	100 000	100 000	100 000	24 667	100 000	3 700	100 000
150	3 750	21 000	100 000	100 000	22 500	89 750	3 750	100 000
200	3 800	16 467	100 000	100 000	24 067	29 133	3 800	100 000
250	3 850	6 417	91 050	100 000	24 383	5 133	3 850	100 000
300	3 900	3 900	58 500	100 000	23 400	3 900	3 900	100 000
400	4 000	4 000	6 667	100 000	22 667	4 000	4 000	86 667

nPS	AC	GR	P_1	P_2	RA	NR	S_{26}	WE
20	100 000	41 268	68 780	50 680	100 000	100 000	100 000	100 000
50	16 790	22 630	21 900	12 410	68 133	100 000	17 033	100 000
70	15 414	14 680	22 020	13 457	98 473	100 000	8 563	100 000
100	15 540	17 020	12 580	6 660	100 000	100 000	22 200	8 633
150	15 750	12 750	15 750	12 750	98 750	100 000	16 500	6 000
200	14 440	17 480	15 960	17 733	100 000	100 000	8 867	3 800
250	20 020	11 550	16 683	20 533	100 000	100 000	8 983	8 983
300	17 160	10 920	14 820	9 100	98 333	100 000	14 300	9 100
400	16 800	10 400	12 000	12 000	98 667	100 000	8 000	8 000

  测试方法是在固定其余的参数的情况下，变化模式搜索 nPS 的范围取值为 $[20,400]$。从表 3.4 的实验结果以及图 3.4(a)来看，除了单模函数 QN 外，nPS 参数设置不同会对单模函数的收敛效果产生明显的影响，随着 nPS 设置数值的增大，实验效果会趋于更优。对于表 3.5 及图 3.4(c)关于 8 个多模函数的测试结果则不同，当 nPS 数值达到 100 次后，取得了较好的求解值，随后，收敛效果趋于稳定。另外，表 3.4 和表 3.5 以及图 3.4(b)(d)实验的成功评价次数也进一步验证了上述结论。所以，综上所述，为了达到 PSCS 算法全局搜索与局部趋化能力的平衡，应将 nPS 设置值控制在 $[100,200]$ 之间为宜，在 150 附近取值对算法的整体性能相对较好。所以，实验中 nPS 取为 150，有利于提高

算法对不同类型函数优化的求解精度。图中 Mean of Function Values 为函数评价的平均值,nPS 为迭代次数。

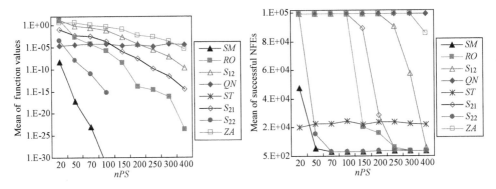

(a)nPS 参数对单模函数求解误差的影响　　　(b)nPS 参数对单模函数平均成功评价次数的影响

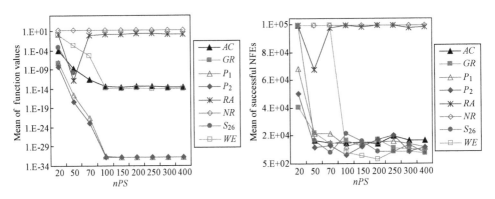

(c)nPS 参数对多模函数求解误差的影响　　　(d)nPS 参数对多模函数平均成功评价次数的影响

图 3.4　模式搜索参数设置对测试函数的实验结果示意图

3.4.3　PSCS 与 CS 算法比较

表 3.6 和表 3.7 为本章 PSCS 算法与标准 CS 算法优化 52 个函数的适应值平均误差与标准差的实验结果。最大函数评价次数 max $NFEs = 100\,000$,其中,"≈"表示 CS 算法与 PSCS 算法的平均误差在 0.05 水平下的双侧 t-检验是不显著的;"☆"和"◎"表示标准 CS 算法与 PSCS 算法的平均误差在 0.05 水平下的双侧 t-检验是显著的,"☆"表示 CS 算法求解质量比 PSCS 算法差,而"◎"则代表 CS 算法的求解精度比 PSCS 算法好。表中最好的实验结果为加粗显示。

表 3.6　CS 与 PSCS 算法对 26 个固定函数的测试结果

S_y	D	CS						PSCS					AR
		Mean NFEs	SD NFEs	SR	Mean	SD		Mean NFEs	SD NFEs	SR	Mean	SD	
BO_1	2	6 660	845	1	0	0	≈	624	523	1	0	0	10.67
BO_2	2	7 608	963	1	0	0	≈	624	349	1	0	0	12.19
BR	2	5 064	1 010	1	0.397 89	0	≈	390	0	1	0.397 89	0	12.98
ES	2	3 984	445	1	−1	0	≈	7 152	1 220	1	−1	0	0.56
GP	2	5 580	935	1	3	9.42E−16	≈	468	174	1	3	9.42E−16	11.92
SF	2	3 594	2 559	1	0.998	0	≈	3 024	2 374	1	0.998	0	1.19
SB	2	—	—	0	−1.0316	0	≈	—	—	0	−1.0316	0	—
SH	2	—	—	0	−186.730 9	9.10E−14	≈	83 300	37 342	0.2	−186.730 9	3.59E−11	—
SC	2	38 916	10 798	1	1.19E−08	1.62E−08	☆	16 326	6 273	1	0	0	2.38
$H_{3,4}$	3	4 926	965	1	−3.862 8	0	≈	6 570	639	1	−3.862 8	0	0.75
HV	3	18 492	2 967	1	6.44E−32	1.44E−31	☆	510	0	1	2.80E−42	3.91E−42	36.26
CO	4	66 132	8 486	1	6.94E−11	1.40E−10	☆	1 260	891	1	2.17E−18	3.94E−18	52.49
KO	4	37 338	5 790	1	3.07E−04	6.87E−17	≈	8 442	3 999	1	3.07E−04	1.89E−18	4.42
PE	4	—	—	0	1.64E−03	1.09E−03	☆	—	—	0	1.05E−04	7.03E−05	—
PS	4	—	—	0	3.70E−04	2.66E−04	☆	37 262	35 737	0.9	6.05E−07	9.94E−07	—

（续表）

Sy	D	CS						PSCS					
		Mean NFEs	SD NFEs	SR	Mean	SD		Mean NFEs	SD NFEs	SR	Mean	SD	AR
$S_{4,5}$	4	21 444	2704	1	−10.1532	1.78E−15	≈	29 022	3 653	1	−10.153 2	0	0.74
$S_{4,7}$	4	22 092	2 803	1	−10.402 9	8.88E−16	≈	28 014	3 933	1	−10.402 9	0	0.79
$S_{4,10}$	4	24 204	6 020	1	−10.536 4	1.26E−15	≈	33 630	5 056	1	−10.536 4	8.88E−16	0.72
$H_{6,4}$	6	—	—	0	−3.322	0	≈	—	—	0	−3.322	0	—
FP_2	2	7 650	1 156	1	0	0	≈	390	0	1	0	0	19.62
FP_5	5	91 500	13 817	0.4	1.87E−04	3.96E−04	☆	1050	411	1	2.83E−28	3.06E−28	87.14
FP_{10}	10	—	—	0	3.50E+01	4.16E+01	☆	1 890	1 207	1	7.11E−15	9.24E−15	—
ML_{10}	10	—	—	0	−0.939 71	3.13E−01	≈	—	—	0	−0.819 71	4.92E−02	—
MS_{10}	10	—	—	0	−5.688 1	4.19E+00	≈	—	—	0	−5.300 2	4.49E+00	—
MI	10	—	—	0	−9.352	1.77E−01	≈	—	—	0	−9.1206	3.37E−01	—
WI	10	—	—	0	1.00E+10	—	☆	—	—	0	0.145 47	6.99E−02	—
PO	24	—	—	0	1.68E−03	6.13E−04	☆	—	—	0	1.13E−05	6.45E−06	—
EF	25	—	—	0	6.81E+01	2.09E+01	≈	—	—	0	6.51E+01	8.22E+00	—
Ave.				0.55						0.65			15.93

表 3.7 CS 与 PSCS 算法对 26 个高维函数的测试结果 (max $NFEs$=100 000)

S_y	CS					PSCS(nPS=150)			
	Mean	SD	Best	Worst		Mean	SD	Best	Worst
AC	1.52E−03	4.87E−04	1.04E−03	2.06E−03	☆	2.91E−14	1.59E−15	2.84E−14	3.20E−14
GR	2.41E−04	2.91E−04	1.59E−05	6.24E−04	☆	0.00E+00	0.00E+00	0.00E+00	0.00E+00
P_1	4.06E−02	8.75E−02	6.56E−04	1.97E−01	☆	1.57E−32	0.00E+00	1.57E−32	1.57E−32
P_2	1.79E−05	3.21E−05	1.51E−06	7.52E−05	☆	1.35E−32	0.00E+00	1.35E−32	1.35E−32
QN	4.10E−05	1.50E−05	2.71E−05	6.14E−05	≈	2.30E−05	1.25E−05	3.16E−06	3.37E−05
RA	6.51E+01	4.26E+00	5.99E+01	7.07E+01	☆	1.39E+00	1.66E+00	2.89E−10	3.98E+00
NR	4.95E+01	8.05E+00	3.89E+01	5.90E+01	≈	1.64E+01	1.34E+00	1.50E+01	1.80E+01
RO	2.19E+01	8.47E−01	2.11E+01	2.31E+01	☆	2.85E−09	1.03E−09	1.66E−09	4.01E−09
S_{12}	4.39E+01	1.71E+01	2.61E+01	7.19E+01	☆	2.00E−03	1.35E−03	1.01E−06	3.50E−03
SM	5.04E−07	2.57E−07	2.54E−07	9.11E−07	☆	0.00E+00	0.00E+00	0.00E+00	0.00E+00
ST	0.00E+00	0.00E+00	0.00E+00	0.00E+00	≈	0.00E+00	0.00E+00	0.00E+00	0.00E+00
S_{21}	4.75E−01	1.22E−01	2.69E−01	5.93E−01	☆	9.83E−07	4.40E−07	6.08E−07	1.74E−06
S_{22}	5.55E−03	2.93E−03	2.80E−03	1.05E−02	☆	0.00E+00	0.00E+00	0.00E+00	0.00E+00

（续表）

S_y	CS					PSCS($nPS=150$)			
	Mean	SD	Best	Worst		Mean	SD	Best	Worst
S_{26}	3.55E+03	2.53E+02	3.16E+03	3.87E+03	☆	0.00E+00	0.00E+00	0.00E+00	0.00E+00
WE	8.31E-01	4.81E-01	3.26E-01	1.49E+00	☆	7.11E-15	0.00E+00	7.11E-15	7.11E-15
ZA	6.08E+00	1.74E+00	4.58E+00	8.97E+00	☆	1.10E-01	4.04E-02	7.24E-02	1.54E-01
F_1	1.76E-06	7.80E-07	8.62E-07	2.94E-06	☆	0.00E+00	0.00E+00	0.00E+00	0.00E+00
F_2	2.07E+02	4.99E+01	1.20E+02	2.44E+02	☆	5.18E-03	4.71E-03	1.43E-03	1.25E-02
F_3	6.10E+06	2.28E+06	3.67E+06	9.81E+06	☆	6.21E+04	1.68E+04	4.71E+04	9.05E+04
F_4	8.47E+03	3.88E+03	4.50E+03	1.42E+04	☆	7.87E+03	1.44E+03	5.89E+03	9.62E+03
F_5	4.44E+03	5.55E+02	3.71E+03	5.24E+03	☆	9.75E+02	5.46E+02	4.37E+02	1.78E+03
F_6	8.00E+09	4.47E+09	8.90E+03	1.00E+10	☆	8.32E+00	1.64E+01	9.40E-05	3.77E+01
F_7	1.45E-01	1.07E-01	4.08E-02	2.82E-01	≈	9.77E-16	3.27E-16	5.55E-16	1.44E-15
F_8	2.09E+01	5.47E-02	2.09E+01	2.10E+01	☆	2.00E+01	7.26E-05	2.00E+01	2.00E+01
F_9	7.49E+01	1.19E+01	5.57E+01	8.80E+01	☆	1.99E+00	1.41E+00	0.00E+00	2.98E+00
F_{10}	1.71E+02	4.88E+01	1.31E+02	2.33E+02	☆	1.54E+02	1.79E+01	1.28E+02	1.77E+02

从表 3.6 中可以看出,对于固定低维的函数而言,除了 ES、$H_{3,4}$、$S_{4,5}$、$S_{4,7}$ 和 $S_{4,10}$ 这 5 个函数虽然 CS 算法比 PSCS 算法评价次数略少,但是 PSCS 在保证求解精度的前提下,对于 $H_{3,4}$、$S_{4,5}$、$S_{4,7}$ 和 $S_{4,10}$ 这 4 个函数的求解标准偏差 SD 却更小,说明 PSCS 的算法性能有较强的健壮性。然而,其他优化函数 PSCS 算法不仅表现出寻优精度显著提高,而且平均成功评价次数也明显减少,PSCS 算法的成功率从 CS 算法的 0.55 提高到 0.65,平均加速率 AR 为 15.93。整体上,显示出 PSCS 算法较好的寻优性能与求解速度。

对于高维复杂函数的全局寻优,PSCS 算法比标准 CS 算法更加优越,从表 3.7 中能明显看出,PSCS 算法有 6 个函数(GR、SM、ST、S_{22}、S_{26} 和 F_1)直接搜索到全局最优值,在相同条件下 PSCS 算法测试的平均误差都优于 CS 算法。根据平均误差在 0.05 水平下的双侧 t-检验结果显示,在 26 个标准测试函数中 PSCS 算法有 20 个测试函数优于 CS 算法。显示出其优越的搜索性能。

对于复杂变换旋转的 $F_1 \sim F_{10}$ 中的单峰函数而言,PSCS 算法在 $F_1 \sim F_5$ 函数上的平均误差都明显优于 CS 算法,其中 F_1 函数,本章算法在有限的评价次数内直接搜索到全局最优值,显示出其优越的性能;对于 $F_1 \sim F_{10}$ 中的多峰函数而言,除了在 F_8 函数上,PSCS 算法的平均误差近似且略优于 CS 算法,搜索精度优势不够明显外,PSCS 在 $F_6 \sim F_7$ 和 $F_9 \sim F_{10}$ 函数上的平均误差都明显优于 CS 算法。不管是对于具有变换特点的函数还是变换且旋转的函数而言,PSCS 算法都显示出其优越的全局寻优能力,尤其对于 F_1、F_2、F_6 和 F_7 函数的测试,本章算法相比于 CS 算法的求解精度大幅提高。

表 3.8 给出了两种算法相同条件下收敛于指定误差阈值所需的平均评价次数、标准差、寻优成功率与加速率。从表中可知,PSCS 算法收敛于指定误差精度的寻优率明显优于 CS 算法。以 SM 函数为例,虽然 CS 算法的成功率与 PSCS 算法相同,但借助于平均函数评价次数,PSCS 算法则明显优于 CS 算法,只需要评价平均 3 750 次即可收敛到全局最优值,而 CS 算法则需要平均评价 98 212 次才能搜索到全局最优值,体现出 PSCS 算法较快的收敛速度。表 3.8 中除了 SM、ST 和 F_1 函数以外,CS 算法没有收敛于指定误差阈值,而 PSCS 算法都能收敛于指定误差阈值。除了 RA、S_{21} 和 F_9 函数外,PSCS 算法收敛都是稳定的,说明基于模式搜索趋化策略的 PSCS 算法具有较快的收敛速度,且有较好的开发能力。总体来看,PSCS 算法收敛于指定误差阈值所需的平均评价次数都优于 CS 算法,平均寻优率 SR 也由 0.12 提高到 0.88,体现出 PSCS 算法

在求解精度上优于 CS 算法。

表 3.8　CS 与 PSCS 算法对高维函数的平均成功函数评价次数

Sy	CS			PSCS			AR
	Mean NFEs	SD NFEs	SR	Mean NFEs	SD NFEs	SR	
AC	—	—	0	15 750	3 137	1	—
GR	—	—	0	12 750	7 776	1	—
P_1	—	—	0	15 750	7 213	1	—
P_2	—	—	0	12 750	7 310	1	—
RA	—	—	0	98 750	2 795	0.2	—
RO	—	—	0	21 000	10 804	1	—
SM	98 212	2 353	0.6	3 750	0	1	26.19
ST	38 364	3 052	1	22 500	3 700	1	1.71
S_{21}	—	—	0	89 750	8 404	0.8	—
S_{22}	—	—	0	3 750	0	1	—
S_{26}	—	—	0	16 500	9 031	1	—
WE	—	—	0	6 000	5 031	1	—
F_1	99 920	179	0.2	3 750	0	1	26.65
F_7	—	—	0	24 750	8 633	1	—
F_9	—	—	0	86 000	31 305	0.2	—
$Ave.$			0.12			0.88	18.18

　　表 3.9 和表 3.10 为本章进一步测试 PSCS 算法和 CS 算法在评价次数为 300 000 的情况下,平均误差、平均成功评价次数等结果。从结果上来看,表 3.10 中的平均寻优率 SR 从 0.51 提高到 0.98,说明随着评价次数的提高,PSCS 算法在性能上更具优势。进一步验证了上述结论:PSCS 算法不仅寻优率高,求解速度也比 CS 算法显著提高。另外,图 3.5 和图 3.6 分别为 CS 和 PSCS 算法关于不同测试问题在最大评价次数为 100 000 和 300 000 次的情况下函数评价次数百分比堆积柱形图,图中 CS 算法若评价次数达到最高评价次数仍未能成功评价,则以最高评价次数绘图。图中结果有效地说明 PSCS 算法相比传统 CS 算法寻优率高,评价次数少。

表3.9　CS与PSCS算法对26个高维函数的测试结果

S_y	CS					PSCS($nPS=150$)			
	Mean	SD	Best	Worst		Mean	SD	Best	Worst
AC	6.82E−13	2.89E−13	2.20E−13	9.20E−13	☆	**2.84E−14**	**0.00E+00**	2.84E−14	2.84E−14
GR	**0.00E+00**	**0.00E+00**	0.00E+00	0.00E+00	≈	**0.00E+00**	**0.00E+00**	0.00E+00	0.00E+00
P_1	2.63E−13	5.89E−13	7.66E−21	1.32E−12	☆	**1.57E−32**	**0.00E+00**	1.57E−32	1.57E−32
P_2	2.18E−24	3.60E−24	2.13E−25	8.55E−24	☆	**1.35E−32**	**0.00E+00**	1.35E−32	1.35E−32
QN	**4.14E−06**	**2.12E−06**	2.41E−06	7.68E−06	≈	6.72E−06	5.08E−06	1.17E−06	1.11E−05
RA	2.95E+01	7.10E+00	1.77E+01	3.57E+01	☆	**3.71E−10**	6.81E−11	3.16E−10	4.90E−10
NR	2.22E+01	5.08E+00	1.35E+01	2.64E+01	≈	**1.24E+01**	**1.82E+00**	1.00E+01	1.50E+01
RO	8.37E+00	3.00E+00	5.41E+00	1.32E+01	☆	**2.22E−09**	9.51E−10	1.46E−09	3.87E−09
S_{12}	1.98E−02	1.24E−02	9.00E−03	3.52E−02	☆	3.06E−07	2.34E−07	1.07E−07	6.93E−07
SM	1.25E−25	6.90E−26	3.76E−26	1.87E−25	☆	**0.00E+00**	**0.00E+00**	0.00E+00	0.00E+00
ST	**0.00E+00**	**0.00E+00**	0.00E+00	0.00E+00	≈	**0.00E+00**	**0.00E+00**	0.00E+00	0.00E+00
S_{21}	5.88E−02	5.21E−02	9.78E−03	1.20E−01	☆	7.85E−08	5.53E−08	5.48E−09	1.56E−07
S_{22}	1.45E−11	7.33E−12	3.48E−12	2.34E−11	☆	**0.00E+00**	**0.00E+00**	0.00E+00	0.00E+00

（续表）

S_y	CS					PSCS($nPS=150$)			
	Mean	SD	Best	Worst		Mean	SD	Best	Worst
S_{26}	1.79E+03	2.06E+02	1.54E+03	2.01E+03	☆	**0.00E+00**	0.00E+00	0.00E+00	0.00E+00
WE	1.10E-02	1.43E-02	2.93E-04	3.37E-02	☆	**6.25E-04**	1.65E-04	4.24E-04	7.91E-04
ZA	5.34E-04	2.73E-04	1.36E-04	9.03E-04	☆	**8.51E-06**	2.58E-06	4.30E-06	1.08E-05
F_1	7.42E-25	4.87E-25	2.11E-25	1.26E-24	☆	**0.00E+00**	0.00E+00	0.00E+00	0.00E+00
F_2	4.96E-02	3.90E-02	2.11E-02	1.18E-01	☆	**2.90E-06**	5.01E-06	2.41E-07	1.18E-05
F_3	2.47E+06	9.21E+05	1.47E+06	3.84E+06	☆	**3.54E+04**	2.02E+04	1.43E+04	6.29E+04
F_4	**5.31E+02**	**2.68E+02**	2.62E+02	8.21E+02	≈	9.41E+02	9.89E+02	2.52E+02	2.63E+03
F_5	2.56E+03	5.47E+02	1.79E+03	3.17E+03	☆	**7.76E+02**	6.44E+02	1.94E+02	1.84E+03
F_6	1.00E+10	—	1.00E+10	1.00E+10	☆	**2.30E-01**	5.14E-02	1.65E-01	3.03E-01
F_7	6.48E-04	9.13E-04	2.91E-08	2.12E-03	☆	**9.77E-16**	3.27E-16	5.37E-16	8.25E-16
F_8	2.09E+01	9.29E-02	9.29E-02	2.10E+01	≈	**2.04E+01**	1.85E-02	2.04E+01	2.04E+01
F_9	3.26E+01	3.95E+00	2.61E+01	3.67E+01	☆	**0.00E+00**	0.00E+00	0.00E+00	0.00E+00
F_{10}	1.68E+02	3.81E+01	1.28E+02	2.31E+02	☆	**1.20E+02**	1.58E+01	1.01E+02	1.40E+02

表 3.10 CS 与 PSCS 算法对高维函数的平均成功函数评价次数

Sy	CS			PSCS			AR
	Mean NFEs	SD NFEs	SR	Mean NFEs	SD NFEs	SR	
AC	165132	6202	1.0	**17250**	**3354**	1.0	**9.57**
GR	127104	17954	1.0	**27000**	**16854**	1.0	**4.71**
P_1	166980	37803	1.0	**9750**	**5687**	1.0	**17.13**
P_2	103008	4721	1.0	**6750**	**3137**	1.0	**15.26**
RA	—	—	0.0	**99000**	**37274**	1.0	—
RO	—	—	0.0	**13500**	**3354**	1.0	—
S_{12}	—	—	0.0	**267000**	**16432**	1.0	—
SM	96888	1749	1.0	**3750**	**0**	1.0	**25.84**
ST	38724	3963	1.0	**23250**	**3137**	1.0	**1.67**
S_{21}	—	—	0.0	**104250**	**22249**	1.0	—
S_{22}	186204	6311	1.0	**3750**	**0**	1.0	**49.65**
S_{26}	—	—	0.0	**16500**	**7776**	1.0	—
F_1	102756	1675	1.0	**3750**	**0**	1.0	**27.40**
F_2	—	—	0.0	**295000**	**4330**	0.7	—
F_7	289032	24525	0.2	**31500**	**11124**	1.0	**9.18**
F_9	—	—	0.0	**177750**	**26330**	1.0	—
$Ave.$			0.51			**0.98**	**17.82**

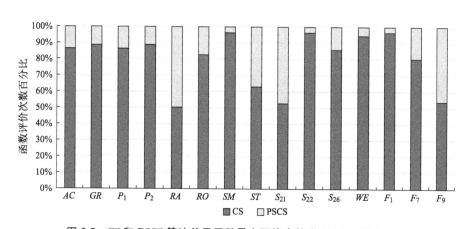

图 3.5 CS 和 PSCS 算法关于函数最大评价次数为 100 000 的结果图

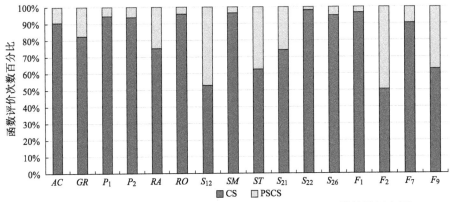

图 3.6　CS 和 PSCS 算法关于函数最大评价次数为 **300 000** 的结果示意图

3.4.4　与改进 CS 算法以及其他智能优化算法的比较

为分析 PSCS 算法与其他改进 CS 算法的性能差异,表 3.11 列出本章 PSCS 算法与 ICS 算法、CSPSO 算法和 OLCS 算法在 $D=30$ 维空间,$\max NFEs =$ 300 000 上的性能比较结果。

分析表 3.11 可知,针对单峰函数,各算法的性能各异。在 F_1 函数上,PSCS 算法和 ICS 算法性能相当,都能收敛到全局最好解,但明显优于 CSPSO 算法和 OLCS 算法的全局搜索性能;在 F_2 和 F_4 函数实验上,CSPSO 算法性能最优,其次是 PSCS 算法。而在 F_3 和 F_5 函数上,PSCS 算法的性能最优。针对复杂多峰函数而言,除了在 F_{10} 函数上,本章算法性能弱于 ICS 算法外,其余 $F_6 \sim F_9$ 函数 PSCS 算法的性能都是最优的,尤其 F_7 和 F_9 函数,本章算法求解精度提高显著。根据表 3.11 中对平均误差检验的统计结果,10 个复杂函数测试中 PSCS 算法有 7 个函数达到了最优,另外 3 个函数的测试结果也具有很好的竞争优势。另外,表 3.12 和图 3.7 为 PSCS 算法与其他改进的 CS 的平均函数成功评价次数的实验比对,进一步说明了本章策略的优越性。总体看来,PSCS 算法明显优于其他改进的 CS 算法。

在表 3.13 中,本章还将 PSCS 算法与近年来发表的其他智能优化算法(OEA,HPSO-TVAC, CLPSO, APSO)进行了比较,实验数据来自文献[72]。表 3.13 中 OEA 算法的评价次数为 $3.0 * 10^5$,其他算法的评价次数均为 $2.0 * 10^5$ 。从表 3.13 中可以看出,本章算法对于 SM ,GR ,S_{22} 以及 ST 函数都能搜索到全局最优值,与 OEA,HPSO-TVAC,CLPSO 和 APSO 算法相比求解精度更高,搜索能力更强。

表 3.11 PSCS 与其他改进的 CS 的实验对比

Sy	ICS			CSPSO			OLCS			PSCS	
	Mean	SD		Mean	SD		Mean	SD		Mean	SD
F_1	0.00E+00	0.00E+00	≈	2.65E−28	2.67E−28	☆	2.41E−26	6.21E−26	☆	0.00E+00	0.00E+00
F_2	1.67E−03	2.87E−03	☆	1.41E−11	2.68E−10	◎	5.70E−02	4.79E−02	☆	1.01E−06	1.11E−06
F_3	3.85E+05	1.78E+05	☆	8.01E+05	6.49E+05	☆	2.57E+06	7.13E+05	☆	3.54E+04	2.02E+04
F_4	4.81E+02	3.92E+02	◎	5.93E+01	4.39E+01	◎	2.37E+03	1.23E+03	☆	1.01E+03	2.48E+02
F_5	1.63E+03	5.45E+02	☆	3.25E+03	9.33E+02	☆	2.44E+03	7.31E+02	☆	7.76E+02	6.44E+02
F_6	1.26E+01	9.73E+00	☆	6.56E+00	1.78E+01	☆	2.45E+01	1.99E+01	☆	2.30E−01	5.14E−02
F_7	2.09E−03	2.49E−03	☆	2.22E−02	1.20E−15	☆	4.72E−04	1.13E−03	☆	9.77E−16	3.27E−16
F_8	2.09E+01	2.06E−02	☆	2.09E+01	5.62E−02	☆	2.09E+01	5.31E−02	☆	2.00E+01	7.26E−05
F_9	1.61E+01	4.15E+00	☆	1.57E+02	2.21E+01	☆	3.54E+01	6.64E+00	☆	0.00E+00	0.00E+00
F_{10}	7.65E+01	1.05E+01	◎	2.52E+02	5.86E+01	☆	1.54E+02	3.74E+01	☆	1.20E+02	1.58E+01
☆			7			8			10		
≈			1			0			0		
◎			2			2			0		

表 3.12　PSCS 与其他改进的 CS 的平均函数成功评价次数的实验对比

Sy	D	ICS			CSPSO			OLCS			PSCS		
		Mean NFEs	SD NFEs	SR	Mean NFEs	SD NFEs	SR	Mean NFEs	SD NFEs	SR	Mean NFEs	SD NFEs	SR
F_1	30	51914	923	1	95845	2940	1	195993	2554	1	**3750**	**0**	1
F_2	30	—	—	0	206075	13386	1	—	—	0	295000	4330	0.7
F_6	30	—	—	0	**270272**	**20778**	**0.5**	—	—	0	—	—	0
F_7	30	193959	48311	1	**2244**	15645	1	110102	20000	1	31500	11124	1
F_9	30	—	—	0	—	—	0	—	—	0	**177750**	**26330**	1
Ave.				0.40			0.70			0.40			**0.73**

表 3.13　PSCS 与 OEA, HPSO-TVAC, CLPSO, APSO 算法的比较

Sy	D	OEA		HPSO-TVAC		CLPSO		APSO		PSCS	
		mean	SD	mean	SD	mean	SD	mean	SD	mean	SD
SM	30	2.48E−30	1.13E−29	3.38E−41	8.50E−41	1.89E−19	1.49E−19	1.45E−150	5.73E−150	0	0
RO	100	2.27E−01	9.41E−01	1.30E+01	1.65E+01	1.10E+01	1.45E+01	2.84E+00	3.27E+00	**1.10E−08**	**1.46E−08**
AC	30	5.34E−14	2.95E−13	2.06E−10	9.45E−10	2.01E−12	9.22E−13	1.11E−14	3.55E−15	**2.84E−14**	0
GR	30	1.32E−02	1.56E−02	1.07E−02	1.14E−02	6.45E−13	2.07E−12	1.67E−02	2.41E−02	0	0
RA	30	5.43E−17	1.68E−16	2.39E+00	3.71E+00	2.57E−11	6.64E−11	5.80E−15	1.01E−14	**3.71E−10**	**6.81E−11**
NR	30	—	—	1.83E+00	2.65E+00	1.67E−01	3.79E−01	4.14E−16	1.45E−15	**1.30E+01**	**2.00E+00**
S_{22}	30	2.07E−13	2.44E−02	6.90E−23	6.89E−23	1.01E−13	6.54E−14	5.15E−84	1.44E−83	0	0
S_{12}	30	1.88E−09	3.73E−09	2.89E−07	2.97E−07	3.97E+02	1.42E+02	**1.00E−10**	**2.13E−10**	1.79E−05	1.77E−05
ST	30	0	0	5.54E−02	2.08E−02	0	0	0	0	0	0
QN	30	3.30E−03	1.10E−03	—	—	3.92E−03	1.14E−03	4.66E−03	1.70E−03	**8.11E−06**	**1.64E−06**
P_1	30	9.21E−30	6.44E−31	7.07E−30	4.05E−30	1.59E−21	1.93E−21	3.76E−31	1.20E−30	**1.57E−32**	0

表 3.14　PSCS与SaDE, jDE, JADE算法的比较

S_y	D	maxNFES	SaDE mean	SaDE SD	jDE mean	jDE SD	JADE mean	JADE SD	PSCS mean	PSCS SD
SM	30	$1.5*10^5$	4.5E−20	1.9E−14	2.5E−28	3.5E−28	1.8E−60	8.4E−60	**0**	**0**
RO	100	$2.0*10^6$	1.8E+01	6.7E+00	8.0E−02	5.6E−01	8.0E−02	5.6E−01	**1.59E−10**	**2.18E−11**
AC	30	$5.0*10^4$	2.7E−03	5.1E−04	3.5E−04	1.0E−04	8.2E−10	6.9E−10	**3.27E−14**	**3.89E−15**
GR	30	$5.0*10^4$	7.8E−04	1.2E−03	1.9E−05	5.8E−05	9.9E−08	6.0E−07	**0**	**0**
RA	30	$1.0*10^5$	1.2E−03	6.5E−04	1.5E−04	2.0E−04	1.0E−04	6.0E−05	**3.71E−08**	**6.81E−09**
S_{22}	30	$2.0*10^5$	1.9E−14	1.1E−14	1.5E−23	1.0E−23	1.8E−25	8.8E−25	**0**	**0**
S_{12}	30	$5.0*10^5$	9.0E−37	5.4E−36	5.2E−14	1.1E−13	**5.7E−61**	**2.7E−60**	4.49E−10	2.85E−10
S_{21}	30	$5.0*10^5$	7.4E−11	1.8E−10	1.4E−15	1.0E−15	**8.2E−24**	**4.0E−23**	3.18e−08	1.41e−08
ST	30	$1.0*10^4$	9.3E+02	1.8E+02	1.0E+03	2.2E+02	**2.9E+00**	**1.2E+00**	3.11E+02	4.40E+02
QN	30	$3.0*10^5$	4.8E−03	1.2E−03	3.3E−03	8.5E−04	6.4E−04	2.5E−04	**6.72E−06**	**5.08E−06**
P_1	30	$5.0*10^4$	1.9E−05	9.2E−06	1.6E−07	1.5E−07	4.6E−17	1.9E−16	**1.57E−32**	**0**
P_2	30	$5.0*10^4$	6.1E−05	2.0E−05	1.5E−06	9.8E−07	2.0E−16	6.5E−16	**1.35E−32**	**0**

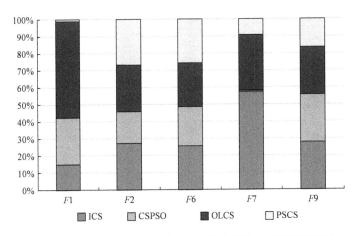

图 3.7 ICS，CSPSO，OLCS 和 PSCS 算法关于 5 个测试问题的
函数评价次数（max *NFEs*=300 000）示意图

在表 3.14 中，本章算法 PSCS 与其他改进的差分进化算法（SaDE，jDE，JADE）进行了比较。算法中的实验参数同文献[72]，实验比较的结果如表 3.14 所示。从表中的实验结果来看，对于大多数实验函数 PSCS 算法相比于改进的 DE 算法都有更好的搜索性能。

3.5　算法复杂性的分析与讨论

3.5.1　复杂性分析

在智能算法全局优化过程中，计算量主要集中在目标函数的评估阶段，其复杂性往往表现为对目标函数的评价次数。如果最大迭代次数为 M，标准的 CS 算法和 PSCS 算法的时间复杂度分别为 $O(M*N)$ 和 $O(M*(N+nPS))$。如果固定最大迭代次数进行评测，PSCS 算法函数评价次数与 CS 算法的评价次数近似相等。如果设置相同的最大评价次数，PSCS 算法与 CS 算法的复杂度 O（max *NFEs*）即相同。所以，可以看出本章的实验结果是基于各算法相同的时间复杂度的前提下测得，与标准 CS 算法及改进的 CS 算法相比并未增加时间复杂度，体现出实验的公平性。

为了更好地定量评价算法的复杂性，采用式（3.13）度量算法的复杂性。表 3.15 为 CS 算法和 PSCS 算法在不同搜索空间上的计算复杂性。从表 3.15 可知,PSCS 算法的计算复杂度并未提高,主要由于 PSCS 算法利用自适应竞争排名构建机制与合作分享策略指导模式搜索的局部趋化,提高了算法的搜索性能。同时模式搜索的最大迭代次数 150 并未消耗太多的评价时间,由于竞争排名与合作机制对局部趋化的指导作用提高了求解精度,反而使得总的评价次数减少。此外,我们进一步发现,随着维数增加,算法的时间消耗将逐步弱化,以致 PSCS 算法的复杂度与 CS 算法的复杂度差距缩小,并在维数增大到 50 的情况下 PSCS 的复杂度(0.10)优于 CS 算法的复杂度(0.27),这也再一次验证了所提算法有较强的高维收敛速度与全局搜索性能的结论。

表 3.15 PSCS 与 CS 在不同搜索空间的计算复杂性

D	T_0	CS			PSCS		
		T_1	T_2	C	T_1	T_2	C
10		32.86	34.95	0.20	120.97	130.59	0.95
30	10.17	51.16	57.20	0.59	210.09	223.38	1.31
50		72.87	75.65	0.27	314.10	315.17	0.10

3.5.2 讨论

综合平均误差、平均函数评价次数、寻优率与加速率等的比较结果,PSCS 算法整体性能优异。以复杂高维的香蕉型 RO 函数求解问题为例,目前已有的算法迭代后期基本停止进化,而本章所提算法则表现出较好的全局搜索性能,其原因为算法在全局寻优中有效地结合了模式搜索的局部趋化并提供了全局寻优的有效信息,使得算法能有效地辨识搜索方向,从而达到了很好的全局探测能力与较高的寻优精度。

PSCS 算法对于复杂变换的 F_1 和 F_9 函数的优化,都能搜索到全局最优值,取得了很好的搜索性能。虽然两个函数变量间相互独立,复杂多变,但 PSCS 算法结合优势群体,基于合作分享使得种群有较好的学习能力,利用模式搜索趋化性能有效地引导整个群体进行加速搜索,提高求解精度。然而,在其他变量间相互关联的函数上,PSCS 算法的性能也优于 CS 算法,其原因是算法利用竞争排名与合作分享机制指导模式搜索,在一定程度上保存了变量间的相关性,使得算法能够利用搜索到的全局较好解加速整个种群进化,并保持种群的多样性。

3.6 算法在点云配准上的应用拓展

3.6.1 点云配准优化模型

点云数据配准的两个点集为待配准点云 P 和目标点云 Q,其数学表示形式分别为:$P = \{p_i \mid p_i \in R^3, i=1, 2, \cdots, m\}$ 和 $Q = \{q_i \mid q_i \in R^3, i=1, 2, \cdots, n\}\{q_i \mid q_i \in R^3, i=1, 2, \cdots, m\}$,其中,$m$ 和 n 为两片点云中点的数量。寻找两个点集的空间变换,目标是使两者间欧氏距离最小。

点云配准的本质是将多个视角下扫描获取的点云数据统一到同一个坐标系下,其过程是寻找两片点云数据集的一系列空间变换,该变换矩阵可以用 T 来表示三维空间几何模型的变换关系。对于待配准点云 P 和目标点云 Q,就是寻求三维空间内最优的变换矩阵 T,其表示形式如式(3.14)所示。变换矩阵 T 包含 6 个参数,分别为沿 3 个坐标轴的平移量 V_x,V_y 和 V_z,以及绕 3 个坐标轴的旋转角 α,β 和 γ。

$$T = VR_x R_y R_z \tag{3.14}$$

$$R_x = \begin{bmatrix} 1 & 0 & 0 & 0 \\ 0 & \cos\alpha & \sin\alpha & 0 \\ 0 & -\sin\alpha & \cos\alpha & 0 \\ 0 & 1 & 0 & 1 \end{bmatrix} \tag{3.15}$$

$$R_y = \begin{bmatrix} \cos\beta & 0 & -\sin\beta & 0 \\ 0 & 1 & 0 & 0 \\ \sin\beta & 0 & \cos\beta & 0 \\ 0 & 0 & 0 & 1 \end{bmatrix} \tag{3.16}$$

$$R_z = \begin{bmatrix} \cos\gamma & \sin\gamma & 0 & 0 \\ -\sin\gamma & \cos\gamma & 0 & 0 \\ 0 & 0 & 1 & 0 \\ 0 & 1 & 0 & 1 \end{bmatrix} \tag{3.17}$$

$$V = \begin{bmatrix} 1 & 0 & 0 & 0 \\ 0 & 1 & 0 & 0 \\ 0 & 0 & 1 & 0 \\ V_x & V_y & V_z & 1 \end{bmatrix} \tag{3.18}$$

待配准点云和目标点云经过一系列空间变换,理论上对应点之间的距离为0,但是由于在真实环境中会存在测量误差和噪声点等因素的影响,使得两片点云经过空间变换后无法达到理想值。所以,点云配准问题实质为求解全局最优化问题,寻求三维空间内两片点云最优的刚体变换矩阵 T 使得所有对应点对 $T(P_m)$ 与 Q_n 间的欧氏距离值最小,如式(3.19)所示。

$$E_m(T) = \min_T \left[\mid T(P_m) - Q_n \mid \right] \tag{3.19}$$

仿生群智能优化算法的主要优势就是解决全局优化问题,在解决复杂的空间优化问题中,具有很好的全局搜索和局部寻优的性能。

3.6.2 点云简化与特征点提取

对于输入的两片点云,为了更有效地进行特征点的提取,首先按一定比例设置参数进行均匀采样,从而降低点云后续运算的数据处理量,提高运算效率。

特征点是描述曲面几何形状最基本的一种特征基元,在不同的坐标系下能保持较好的一致性。目前,特征点提取的方法各异,主要有基于曲面重建的点云特征点提取方法,算法通过邻域选择,张量投票和张量分析,降低了算法对噪声和采样质量的依赖性。另外还有局部表面面片法 LSP(Local Surface Patches),关键点特性评估法 KPQ(KeyPoint Quality),固有形状特性法 ISS(Intrinsic Shape Signatures)等,这类方法有不同的适应范围,LSP 更适用于三角网格模型,而对于数据量较大的点云,KPQ 方法有一定的局限性,本章采用 ISS 特征点提取算法,相比于基于曲面重建的方法,其原理简单,便于实现,适用于对分布均匀的点云数据的处理。

ISS 特征点提取算法的具体步骤:设点云数据有 N 个点,任意一点 pt_i 坐标为 (x_i, y_i, z_i),$i = 0, 1, \cdots, N-1$。

(1) 对点云上的每个点 pt_i 定义一个局部坐标系,并设定每个点的搜索半径 r_{ISS};

(2) 查询点云数据中每个点 pt_i 在半径 r_{ISS} 周围内的所有点,计算其权值:

$$w_{ij} = 1/\mid pt_i - pt_j \mid, \mid pt_i - pt_j \mid < r_{ISS} \qquad (3.20)$$

（3）计算每个点 pt_i 的协方差矩阵：

$$\mathrm{cov}(pt_i) = \sum_{\mid pt_i - pt_j \mid < r_{ISS}} w_{ij}(pt_i - pt_j)(pt_i - pt_j)^{\mathrm{T}} / \sum_{\mid pt_i - pt_j \mid < r_{ISS}} w_{ij}$$

$$(3.21)$$

（4）计算每个点 pt_i 的协方差矩阵 $\mathrm{cov}(pt_i)$ 的特征值 $\{\lambda_i^1, \lambda_i^2, \lambda_i^3\}$，降序排列；

（5）设置阈值 ε_1 和 ε_2，满足式(3.22)的点即被标记为 ISS 特征点。

$$\lambda_i^2/\lambda_i^1 \leqslant \varepsilon_1, \ \lambda_i^3/\lambda_i^2 \leqslant \varepsilon_2 \qquad (3.22)$$

3.6.3 基于模式搜索布谷鸟算法的点云配准优化

本章将改进的布谷鸟搜索算法应用于三维点云配准优化问题。布谷鸟搜索算法在求解全局优化问题中表现出较好的性能,该算法具有选用参数少,全局搜索能力强,计算速度快和易于实现等优点,与粒子群优化算法和差分演化算法相比具有一定的竞争力。并在工程设计、神经网络训练、结构优化、多目标优化及全局最优化等领域取得了应用。

相比于传统的配准方法,仿生群智能优化配准方法有利于提高配准精度,虽然这些策略使用群体方式在求解空间内加强了搜索,但会存在搜索时间长、运算效率低及易陷入全局最优等不足。针对上述问题,首次提出了一种基于模式搜索的布谷鸟全局优化的三维点云配准算法。利用 CS 算法较强的莱维飞行全局搜索能力从而避免搜索过程陷入局部最优,将改进的 PSCS 算法应用于点云配准优化问题,不仅具有较好的全局勘探能力,而且较大地提高了局部搜寻的开发性能。以两片点云对应点之间的距离中值最小的为适应度函数,将改进的布谷鸟优化算法作为寻优策略实现点云数据的粗配准,再利用 ICP 进行精细配准。计算机仿真实验结果表明,PSCS 算法取得了很好的搜索结果,寻优率和精度显著提高。

点云配准的过程是将两个不在同一坐标系下的点云数据集经过一系列坐标变换后,实现两片点云对应部分的重叠,配准的效果取决于配准误差,通常由适应度函数所体现。迭代最近点搜索采用 k-d tree 的方式提高最近点集的搜索速度,降低求解计算量,提高运算效率。

三维点云配准就是寻找待配准点云到目标点云间的变换矩阵 T。在理想状态下,变换求解误差为 0。然而由于在三维激光扫描中受环境或机器的干扰,获取点云数据的过程会产生大量的干扰和噪音点,影响点云配准的精度,导致存在误差。由于测量误差以及噪声等因素的影响,对应点之间的距离无法达到理想值0,因此,点云配准问题就转化为优化问题的求解:寻求最优的变换矩阵,使得扫描点集 $P=\{p_i \in R^3,\ i=1,2,\cdots,m\}$ 与待配准点集 $Q=\{q_j \in R^3,\ j=1,2,\cdots,n\}$ 之间的欧氏距离最小,将 PSCS 算法应用于点云配准优化中,对点云配准目标函数中的变换矩阵进行优化,参数编码和归一化处理后对应食物源的位置,利用改进的布谷鸟搜索算法对点云模型进行目标函数的优化,其建立的基于模式搜索趋化的布谷鸟全局优化函数如(3.23)式所示:

$$F(T) = \underset{T}{Median} \parallel T(P_m - Q_n) \parallel^2 \tag{3.23}$$

$F(T)$ 使用两片点云间平方距离的中值来作为目标函数。改进的布谷鸟优化算法将对应点距离最短作为全局搜索的准则,找到最优的变换矩阵,最终实现点云的有效配准,该策略能有效提高寻优的效率和精度,降低 ICP 算法对初始位置的依赖性。通过 PSCS 算法的全局寻优性能和局部开采精度,求解最优的变换矩阵 T,使得扫描点集 $P=\{p_i \in R^3,\ i=1,2,\cdots,m\}$ 与待配准点集 $Q=\{q_j \in R^3,\ j=1,2,\cdots,n\}$ 间的欧氏距离最小,需要对变换矩阵 T 中的6个参数进行编码,由于旋转变量 α、β、γ 和平移变量 V_x、V_y、V_z 的取值范围不同,故进一步对参数编码进行归一化操作,如参数编码随机生成6个约束范围内的解 x_1,x_2,x_3,x_4,x_5,x_6。组成一组解 $X=[x_1,x_2,x_3,x_4,x_5,x_6]$,对其进行归一化处理 $X'=[x'_1,x'_2,x'_3,x'_4,x'_5,x'_6]$,其中 $x'_i=(x_i-lb_i)/(ub_i-lb_i)$,$i=1,2,\cdots,6$,$ub_i$ 和 lb_i 是 x_i 的上下限,使得参数编码的数值在[0,1]范围之间,每个参数对应 PSCS 算法中鸟巢位置的变量,整个点云配准的问题就转变为一个求解六维空间内的函数优化问题,当两片点云配准完成后,其 $F(T)$ 的取值越小。

算法采用配准后两片点云对应点之间的距离中值(median square error,MedSE)来表示两片点云的配准精度。使用 PSCS 优化的点云配准算法定义目标函数来描述配准精度:MedSE 表示配准后的两片点云之间对应点的配准误差,用来衡量点云配准的吻合度,其值越小则配准的精度越高。

在 PSCS 算法粗配准的基础上,采用 ICP 方法进行精细配准,进一步利用 k-d tree 快速搜索最近点对,提高点云配准的效率。PSCS 算法点云配准处理流程如图3.8所示。

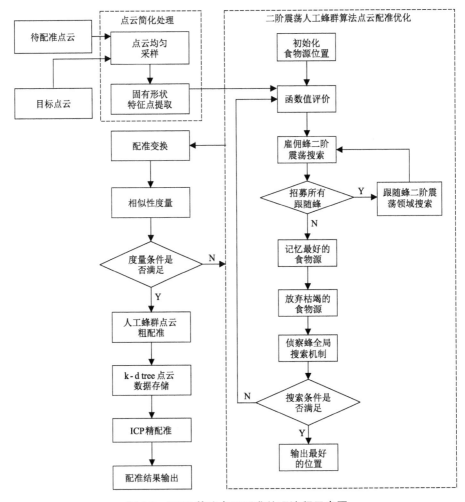

图 3.8 PSCS 算法点云配准处理流程示意图

3.6.4 实验结果与算法比较

为了验证 PSCS 算法在点云配准优化应用上的有效性,选用了不同点云库中的模型和扫描有噪声的模型进行配准实验。

(1) 点云库模型配准实验

在本节中,我们验证本章所采用 PSCS 算法实现由粗到精的三维点云配准算法的有效性和可行性。实验数据集包括斯坦福大学经典的 3 个模型数据("Bunny","Happy Buddha"和"Dragon")和文献[225]中的 3 个模型数据

（"Hippo"，"Coati"和"Angel0"），如表 3.16 所示，选择了两个不同视角下的点云，部分数据含有噪音和离群点，其数据集大小如表 3.17 所示。

表 3.16　实验测试数据集

模型数据	视角 1	视角 2
Bunny		
Happy Buddha		
Dragon		
Hippo		
Coati		
Angel0		

表 3.17　实验数据集说明

模型数据			
模型		视角 1	视角 2
Bunny	名称	bun000	bun045
Bunny	点数	40256	40097
Happy Buddha	名称	happyStandRight_0	happyStandRight_48
Happy Buddha	点数	78056	69158
Dragon	名称	dragonStandRight_0	dragonStandRight_48
Dragon	点数	41841	22092
Coati	名称	Coati1	Coati2
Coati	点数	28107	28241
Hippo	名称	Hippo	Hippo
Hippo	点数	30519	21935
Angel0	名称	Angel0	Angel0
Angel0	点数	52270	51795

在实验中,ICP 算法和 PSCS 算法分别最大迭代 50 次和 100 次,旋转角度范围$[0°,360°]$,平移量范围$[-40\ \text{mm},40\ \text{mm}]$,实验通过 Matlab R2012b 编程实现,计算机硬件配置为 Intel Core i5-4300U,内存 8GB。在点云配准中,将模式搜索趋化的布谷鸟全局优化算法进行目标函数的优化,对于算法的参数设置应考虑种群规模、迭代次数、初始位置(旋转角度和平移量)对性能的影响。通过实验和测试,最终参数设置为:布谷鸟巢穴的规模设置为 20,发现概率 $P_a=0.25$。实验数据是在指定最大迭代次数独立运行 30 次的情况下获得。配准算法常常采用两片点云配准后对应点集间的距离来表示两片点云的吻合程度,其值越小配准精度就越高,点云数据的单位为毫米(mm),为了便于比较,经过算法优化的结果如表 3.18 所示。

表 3.18　粗精配准精度结果

模型	视角 1 & 视角 2	
	PSCS	PSCS+ICP
Bunny	2.3287E−03	4.3402E−04
Happy Buddha	4.7652E−03	7.4046E−05
Dragon	5.6327E−03	2.3781E−04

（续表）

模型	视角 1 & 视角 2	
	PSCS	PSCS＋ICP
Hippo	6.8901E＋01	3.7017E＋00
Coati	6.3898E＋00	1.4324E＋00
Angel0	1.2125E＋01	2.1576E＋00

（2）点云简化与特征点提取

实验中，需要测试点云简化与特征点提取的尺度对后续配准的影响，从而确定合适的采样参数 SampleRatio 和特征点提取的参数 r_{ISS}，ε_1 和 ε_2 的设置数值。实验首先测试了点云均匀采样率，采样的尺度大小会影响后期点云配准过程中算法的计算量，采样过高会影响计算的效率，采样太低不能很好地表达点云数据的局部信息，合适的采样比率对应后期的配准至关重要，通过多次实验，在 6 组模型数据的采样测试中，最终确定了采样参数设定为 SampleRatio＝0.1，可以有效保持点云数据的整体性，降低后续数据处理的运算量。

在均匀采样的基础上，进一步验证了特征点提取，通过 6 组模型数据的特征提取实验，确定了搜索半径范围 r_{ISS} 和特征点识别阈值 ε_1 和 ε_2，由于扫描点云的差异性，模型数据的搜索范围 r_{ISS} 分别为 0.02、5 和 10，$\varepsilon_1＝\varepsilon_2＝0.6$，可以有效保持点云数据的固有形状特征信息，对于数据本身存在高噪声、离群点等会影响配准精度的点云，具有较好的鲁棒性。

（3）改进的布谷鸟搜索算法粗配准性能

在本部分，验证了 PSCS 在不同的模型视角下的粗配准性能，将 PSCS 与传统的 ICP 算法进行了比较，在设置种群规模 SN 为 20 和最大迭代次数为 100 的前提下进行了实验。

表 3.18 中给出两个算法在 6 个模型数据配准精度上的比较，改进的 PSCS 比传统的 ICP 求解精度更好，表现出更加优异的性能。表 3.19 中列举了 6 个模型数据在视角 1 & 视角 2 下的配准结果，从表 3.18 和表 3.19 的结果可以看出，PSCS 算法在粗配准的精度上表现出了较好的性能。这是因为其更好的莱维飞行全局搜索机制使得算法在配准过程中很好地达到了全局搜索与局部寻优的有效平衡，在点云配准中表现出更好的搜索效率和求解精度。

表 3.19　点云配准结果

模型数据	粗精配准（视角 1 & 视角 2）	
Bunny		
Happy Buddha		
Dragon		
Hippo		
Coati		
Angel0		
	精配准	配准结果

（4）由粗到精配准算法的验证

为了验证配准策略流程的有效性和鲁棒性，实验分别在 6 个模型数据进行测试。配准结果通过可视化的方式进行呈现，通过输入点云，进行简化和特征点提取，然后利用 PSCS 进行粗配准，在粗配准的基础上进行 ICP 精配准，最后将变换参数映射到输入的点云上得到最终的配准结果。同时我们使用公式（3.23）两片点云的距离中值在对应点间进行量化，反映了点云配准的精度，值越小，其配准效果越好。

表 3.19 中显示了模型数据的配准结果，我们以视角 1 和视角 2 的配准为例，利用改进的 PSCS 配准应用的方法都能达到较好的配准结果，MedSE 值在配准后满足配准的精度要求，达到了理想的精度数量级。表 3.18 和表 3.20 中分别统计了本章算法在测试集数据视角 1& 视角 2 下的点云由粗到精配准的求解精度和时间统计，从结果上来看，配准效果较好，有一定的应用价值。

表 3.20　配准时间统计

模型	视角 1& 视角 2		
	PSCS(100)	ICP(50)	时间
Bunny	9.543	0.421	9.964
Happy Buddha	9.633	0.912	10.545
Dragon	7.752	0.481	8.233
Hippo	7.166	0.388	7.554
Coati	4.809	0.297	5.106
Angel0	8.238	1.104	9.342

（5）算法运行时间和精度的比较

运算效率是衡量点云配准算法性能的一项重要指标。为了验证本章算法在初始位置旋转或者平移变换后配准的鲁棒性，选择了 Bunny 的视角 1& 视角 2 进行了实验，并进一步将所提算法（PSCS＋ICP）与传统的 ICP 直接配准法在初始位置变换的情况下进行了实验比较。

为了比较的公平性，ICP 最大迭代 50 次，PSCS 初始配准迭代 100 次，运行时间和求解精度如表 3.22 所示。传统的 ICP 在初始位置变换后，往往陷入了局部最优，配准时间急剧上升，平均耗时 22.79 s，而且配准失败，如表 3.23 所示。而本章算法中 ICP 收敛速度快，配准时间平均为 0.68 s，这是因为我们采用 PSCS 算法保障了 ICP 配准的初始位置。虽然 PSCS 平均耗时 10.79 s,但我们是在最大迭代次数 100 的情况下测得的,实际情况下,多数配准只需要 50 次左右迭代即可满足 ICP 精配准的初始位置迭代要求,并且配准精度显著提高,达到理想的配准精度要求。经过旋转平移变换的两片点云,整体上粗精配准的平均时间在 11.47 s,时间相比于直接 ICP 配准降低明显,而且能有效配准。

为了进一步与已有的群智能优化的点云配准算法相比较,选用了通用点云库 SAMPL 中的 4 个典型点云模型(Frog、Angel1、Tele 和 Bird)进行比较实验。两个模型分别选用了 0 和 40 度视角下的两片点云进行旋转 90 度角并采用 ICP、BBO、ABC 和 HS 算法进行对比实验。算法参数根据文献[214]进行设置,ABC、BBO 和 HS 的种群规模分别为 20,100 和 50,最大迭代时间统一设置为 20 s。实验结果如表 3.21 所示。

表 3.21 PSCS 算法与其他优化算法的配准比较

模型/算法	ICP	BBO	ABC	HS	PSCS
Frog	16.23	0.44	0.35	0.87	**0.31**
Angel1	46.86	0.59	0.57	0.96	**0.49**
Tele	13.98	0.52	0.29	0.55	**0.27**
Bird	38.23	0.79	0.56	0.68	**0.25**

从表 3.22 中可以看出,传统的 ICP 算法对初始位置比较敏感,容易陷入局部最优导致配准失败。本章算法相比于其他群智能优化算法具有较好的精度优势,表现出较好的搜索性能。

所以,通过多次试验和图中配准效果来看,当两片点云在没有旋转角度和平移的情况下,ICP 算法能得到较好的配准效果,但随着待配准点云的初始位置产生旋转和平移变换后,ICP 算法很容易陷入局部最优,配准效果大大降低,而采用本章算法进行粗配准能很好地解决该问题,如表 3.22 和表 3.23 所示,精度上优于 ICP 算法,降低对点云配准初始位置的要求,在不同的初始位置下能得到更为精确的全局最优值,配准效果较好。其中,旋转角度是指沿三个坐标轴旋转的角度大小,平移参数表示沿三个坐标轴平移的数值,t_{ICP},t_{PSCS},$t_{ICP'}$,t_{sum} 分别表示直接用 ICP 配准时间、PSCS 粗配准时间、ICP 精配准时间和由粗到精配准总的时间,时间单位为秒,$Avg.$ 表示平均值。

表 3.22 PSCS 算法与传统的 ICP 在初始位置变换下的配准比较

案例	旋转角度	平移参数	ICP		PSCS+ICP			
			MedSE	$t_{ICP'}$	MedSE	t_{PSCS}	$t_{ICP'}$	t_{sum}
1	$\pi/4$、$-\pi/4$、$-\pi/4$	0.04、-0.03、0.04	1.075 5E$-$02	19.56	**1.047 6E$-$03**	9.47	0.71	10.18
2	$\pi/3$、$\pi/3$、$\pi/3$	0.02、0.02、0.02	1.783 6E$-$01	27.91	**5.256 4E$-$03**	9.25	0.62	9.87
3	$\pi/3$、$\pi/4$、$\pi/5$	0.02、0.02、0.02	1.687 9E$-$02	28.42	**1.303 2E$-$03**	11.78	0.58	12.36
4	$\pi/4$、$\pi/5$、$\pi/3$	0.02、0.02、0.02	1.157 8E$-$02	14.84	**7.384 8E$-$03**	8.96	0.68	9.64
5	$\pi/3$、$\pi/4$、$\pi/4$	0.02、0.02、0.02	1.692 0E$-$02	27.91	**2.343 2E$-$02**	10.23	0.69	10.92
6	$\pi/3$、$-\pi/3$、$\pi/3$	0.02、0.02、0.02	1.693 4E$-$02	27.79	**1.232 9E$-$03**	9.79	0.62	10.41
7	$\pi/3$、$-\pi/3$、$\pi/3$	0.02、0.02、0.02	1.279 5E$-$02	15.13	**2.214 7E$-$03**	11.55	0.64	12.19
8	$\pi/2$、$\pi/3$、$\pi/4$	0.04、0.04、0.04	1.119 0E$-$02	17.30	**1.133 7E$-$03**	8.43	0.61	9.04
9	$\pi/2$、$\pi/3$、$\pi/4$	0.02、0.02、0.02	1.789 0E$-$02	30.96	**2.721 0E$-$03**	9.08	0.65	9.73
10	$\pi/2$、$-\pi/3$、$-\pi/4$	0.04、0.04、0.04	1.315 3E$-$02	18.54	**2.090 8E$-$03**	13.51	0.73	14.24
11	$\pi/2$、$-\pi/3$、$\pi/4$	0.04、0.04、0.04	1.676 1E$-$02	23.78	**2.100 2E$-$03**	13.66	0.89	14.55
12	$-\pi/2$、$-\pi/3$、$\pi/4$	0.04、0.04、0.04	1.113 8E$-$02	21.29	**2.368 1E$-$03**	13.75	0.74	14.49
Avg.				**22.79**		10.79	0.68	11.47

表 3.23 PSCS + ICP 与传统的 ICP 的配准实验对比

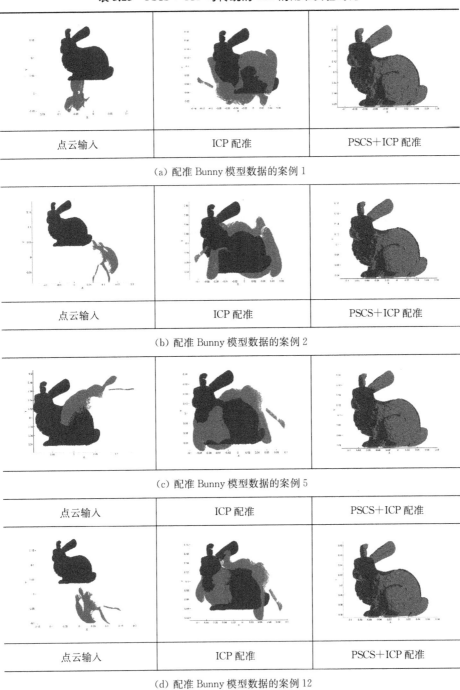

（a）配准 Bunny 模型数据的案例 1

（b）配准 Bunny 模型数据的案例 2

（c）配准 Bunny 模型数据的案例 5

（d）配准 Bunny 模型数据的案例 12

3.7 本章小结

本章将全局寻优能力优异的莱维飞行机制与局部开采的模式搜索趋化策略有效地结合在一起,并利用自适应竞争排名构建机制与合作分享策略全局指导模式搜索的局部趋化,构成了新的基于模式搜索的布谷鸟全局优化算法。算法针对 52 个典型的基准测试函数进行了性能测试,结果表明,本章 PSCS 算法在全局寻优能力、收敛速度和求解精度方面相比 CS 算法都有大幅提高。同时,PSCS 算法优化性能稳定,鲁棒性强,除了对固定维数有较好的搜索效果外,特别适合多峰及高维函数的优化问题,与典型的改进的 CS 算法相比,具有更好的全局优化性能,是一种解决全局优化问题较为理想的方法。此外,采用基于模式搜索的布谷鸟全局优化算法来解决点云配准优化问题。利用 PSCS 算法进行目标函数的优化,获得点云变换矩阵的全局最优解,然后再通过精配准获得最终的点云配准效果。通过不同的模型数据对算法的性能进行测试,结果表明,本章提出的基于模式搜索的布谷鸟全局优化点云配准方法,在点云配准优化问题中,较好地解决了 ICP 算法对点云初始位置严重依赖的问题,有很好的抑制早熟的能力,提高了全局寻优能力,同时求解精度也相比于传统的 ICP 算法大幅提高。在点云配准中有很好的鲁棒能力,具有较好的应用价值。

第四章

基于全局侦察搜索的人工蜂群算法

　　人工蜂群算法是近年来提出的模拟蜂群觅食行为的群智能优化算法。由于算法中侦察蜂逃逸行为的不足，使得该算法存在早熟收敛，全局探测能力不足，易于陷入局部最优，且求解精度不高的问题。近年来对蜜蜂侦察行为的研究成果表明，蜜蜂群体分工协作，其中侦察蜂具有快速飞行、全局侦察并指导其他蜂群觅食的行为特征。本章利用蜂群觅食过程先由侦察蜂进行全局快速侦察蜜源并和其他蜂群相互协作的特征，提出了一种模拟自然界中侦察蜂全局快速侦察搜索改进的蜂群优化算法。首先，该算法由侦察蜂根据新的侦察搜索策略在所分配的子空间内进行大视域全局快速侦察，可以有效提高算法的全局探测能力，避免算法的早熟收敛，防止陷入局部最优。其次，侦察蜂群利用全局侦察的启发信息指导其他蜂群觅食搜索，两者相互协作共同实现算法的寻优性能，提高求解精度。最后，算法还引入预测与选择机制改进引领蜂和跟随蜂的搜索策略，进一步加强算法邻域局部搜索的性能。通过对 52 个基准测试函数的实验结果表明，与基本的人工蜂群算法和已有的典型改进算法相比，算法能有效地避免早熟收敛，全局寻优性能与求解精度显著提高，并能适用于高维空间的优化问题。

4.1　引言

　　人工蜂群算法（Artificial Bee Colony，ABC）是由土耳其埃尔吉耶斯大学 Karaboga 教授于 2005 年提出的一种模拟蜜蜂采蜜行为的随机搜索优化算法。该算法具有独特的角色分配机制，能较快地搜索到优化问题的解，具有广泛的适用性。随后，Karaboga 等人进一步将其发展并与遗传优化算法（Genetic Algorithm，GA）、粒子群优化算法（Particle Swarm Algorithm，PSO）、差分进化算法（Differential Evolution，DE）等方法进行了性能比较，展现出 ABC 算法控制参数少，性能优越的特性，并能成功地用来解决现实生活中的诸多问题，如：聚类分析、约束优化、函数优化问题等。

ABC 算法最早是用来求解函数优化问题的数学模型,函数优化问题是一个连续域空间的优化问题,因而对求解复杂问题的求解精度要求较高。但是,与其他全局优化算法一样,传统的 ABC 算法也存在着单模函数的求解早熟收敛,搜索精度不高;对于多模函数的优化则易陷入局部最优的缺点。因此,为了进一步探索 ABC 算法进行连续空间函数优化的性能,不少学者提出了许多改进策略。其中,Zhu 和 Kwong 两位学者提出利用全局最好解来指导搜索(Gbest-guided ABC,GABC),从而改进了传统 ABC 算法的性能。Xu 等提出改进雇佣蜂和跟随蜂的搜索机制,构建候选解池存储当前蜂群的较好解(New ABC,NABC),从而避免了早熟收敛。文献[72]提出了改进的人工蜂群算法(Modified ABC,MABC),利用混沌初始化,结合 DE(Differential Evolution)变异操作加强搜索,并取消概率选择和侦察蜂搜索机制;Li 等学者也是改进了雇佣蜂和跟随蜂的搜索机制,提出一种改进的搜索策略(Improved ABC,IABC),并提出混合三种搜索策略进行预测和选择的算法(Prediction and Selection ABC,PSABC);这些改进的搜索策略相比于传统的 ABC 算法有更好的搜索性能,尤其是近年来提出的 PSABC 算法,其在 GABC 和 IABC 的基础上进行了改进,收敛速度和求解精度都有所提高。

然而,到目前为止,没有哪一种算法对求解所有的函数优化问题都能同时达到最好的求解精度与最快的收敛速度。换言之,同时达到最好的全局搜索能力与最优的局部求解精度是一对永恒的矛盾。因此,对于智能优化算法如何提高算法全局勘探的能力,平衡好两者之间的矛盾,防止早熟收敛,并能适用于高维空间优化问题是算法不断追求的目标。根据对最新的侦察蜂行为的研究成果表明,侦察蜂具有高速飞行、全局侦察并指导其他蜂群觅食的行为特征。由于传统的人工蜂群算法中侦察蜂的逃逸行为不足,这种基于随机搜索的逃逸行为导致该算法缺乏启发信息,不容易快速获得全局最优解,全局指导能力也相对不足。为此,在 PS-ABC 算法的基础上,进一步改进侦察蜂的搜索策略,提出了一种模拟自然界中侦察蜂全局侦察搜索的改进的人工蜂群优化算法(based Scouts Artificial Bee Colony,SABC)。该算法与其他算法又有所不同。第一,该算法先由侦察蜂根据新的侦察搜索机制在所分配的子空间内进行大视域全局快速侦察,该侦察搜索机制利用混沌序列具有混沌运动的随机性和遍历性的特点,可以有效避免算法的早熟收敛,防止陷入局部最优。第二,侦察蜂群利用全局侦察的启发信息进一步指导引领蜂和跟随蜂的邻域搜索,侦察蜂与觅食蜂两者相互协作共同实现算法的寻优性能,有助于提高求解精度。最后,算法还利用 PS-ABC 算法的预测与选择机制,进一步改进引领蜂和跟随蜂的搜索策略,从而加强算法邻域局部搜索的性能。通过对 52 个基准测试函数的实验结果表明,所提算法能避免早熟收敛,求解精度高,且适用于高维空间优化问题。

本章第 4.2 节扼要介绍了人工蜂群算法和基于侦察蜂搜索的生物机理;第 4.3 节详细介绍了基于侦察蜂全局侦察搜索的 SABC 算法;第 4.4 节用典型的测试函数验证所提出的 SABC 算法的性能,并与其他不同算法的实验结果进行比较;最后 4.5 节为本章小结。

4.2　人工蜂群算法和侦察蜂的生物机理

人工蜂群算法是建立在蜜蜂自组织模型和蜜蜂群体智能基础上的一种非数值优化的随机搜索方法。蜜蜂根据各自不同的分工进行相互协作,并实现蜂群信息的共享与交流,从而搜寻到最优的食物源(蜜源)。人工蜂群算法模型中包括三类蜂群:雇佣蜂、跟随蜂和侦察蜂。雇佣蜂也被称为引领蜂,其在蜂房附近搜索蜜源,记录与其对应蜜源的相关信息,并将信息与其他蜜蜂按一定的概率分享。跟随蜂主要任务为开采蜜源,其在舞蹈区域等待雇佣蜂以舞蹈的方式与其分享信息从而寻找收益度更高的蜜源,侦察蜂在 ABC 算法中是一只虚拟蜂,当某个食物源枯竭时,相应的雇佣蜂角色转变为侦察蜂在蜂巢附近寻找新的蜜源,对整个蜂群的觅食有全局的侦察引导作用。

4.2.1　蜜蜂的群体采蜜机理

人工蜂群算法的提出是模拟了蜜蜂群体以摇摆舞的方式吸引同伴觅食行为的生物特性。生物学家对真实蜜蜂的研究表明:蜜蜂觅食时,先由侦察蜂四处侦察蜜源,侦察到食物后,用特定舞蹈的方式召唤吸引其他蜜蜂前去觅食。蜜蜂的舞蹈采用跳"8"字形状的方式传达食物源的信息,由于其跳舞的方式是抖动其腹部(如图 4.1 所示),通常称为摇摆舞,传递食物的位置和距离信息。蜜蜂在其蜂房附近以摇摆舞的方式告诉同伴食物源的方向和食物量的大小。垂直于蜂房向上的舞蹈表示沿着太阳的方向可以获取到蜜源,反之,垂直于蜂房向下的舞蹈则表示要背向太阳寻找食物。距离则由跳舞时长来定,较长的舞蹈表示食物源的距离较远。蜜蜂群体通过这种特定的自组织性方式能够有效地搜索到食物源。图 4.2 为蜜蜂在蜂房附近采蜜的生物机理,图中 A 和 B 表示已经发现的蜜源。UF 表示当前蜜蜂放弃食物源后转为一只跟随蜂。EF1 表示当前蜜蜂采蜜前招募其他蜜蜂前去觅食。EF2 表示当前蜜蜂不招募同伴而继续独自觅食。

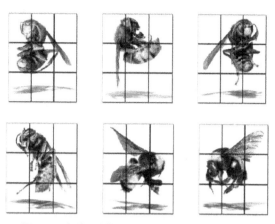

图 4.1 蜜蜂以摇摆舞的方式抖动腹部示意图

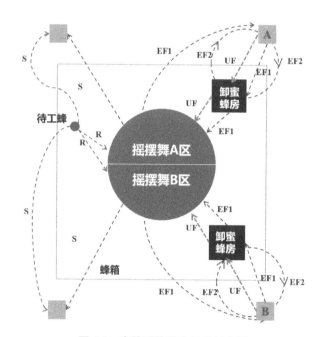

图 4.2 蜜蜂群体采蜜机理示意图

4.2.2 人工蜂群优化算法的原理

人工蜂群算法是受自然界中蜂群采蜜生物行为机理的启发,从而提出来的一种仿生优化策略模型。在算法模型中,引领蜂、跟随蜂和侦察蜂是蜂群的三个重要组成部分。其中最核心的是蜂群的采蜜搜索过程,三种蜂群进行角色分配,分工协作,各司其职,最终完成三个重要过程:搜索机制,招募机制和衰竭机制。其中引领蜂负责吸引其他蜜蜂前来搜索蜜源;招募来的跟随蜂在蜜源周围进行蜜源搜索;当某个蜜源枯竭后,侦察蜂重新在全局空间内随机寻找新的蜜源。在模型的搜索策略中,引领蜂能够很好地保持优良的食物源;跟随蜂能够扩充对蜜源的搜索能力,从而有效地提高了算法收敛速度;侦察蜂通过随机生成初始位置的方式进行全局搜索,从而避免模型陷入局部最优。算法中引领蜂和跟随蜂设置数量相同,侦察蜂数量设为1。引领蜂寻找到食物蜜源之后以摇摆舞的方式将食物信息传递给跟随蜂,一个蜜源对应一只引领蜂,优质的蜜源通常会吸引多个跟随蜂共同开采。枯竭的蜜源将被停止搜索,对应的引领蜂转为一只侦察蜂,重新进行解空间内的全局搜索。人工蜂群算法的伪代码和流程图如算法 4-1 和图 4.3 所示。

算法 4-1:ABC 算法伪代码

Begin

1. Initialization

    1.1 Preset population size SN, and other parameters, i.e., MCN, $limit$;

    1.2 Randomly generate SN solutions as an initial population $\{X_i | i=1, 2, \cdots, SN\}$;

    1.3 Calculate the function value $f(X_i)$ and the fitness of each solution in the population by Eq.(4.2);

    1.4 Set $\{trial_i = 0 | i=1,2,\cdots, SN\}$, $Cycle=1$;

While ($Cycle \leqslant MCN$)

2. The employed bees phase

    2.1 Generate the candidate solutions according to Eq.(4.1);

    2.2 Evaluate the new solutions and apply greedy selection;

3. The onlooker bees phase

    3.1 Calculate the probability according to Eq.(4.3);

    3.2 Generate the candidate solutions according to Eq.(4.2);

    3.3 Evaluate the new solutions and apply greedy selection;

4. The scout bees phase

If $\max(trial_i) > limit$ **then**

    4.1　Replace X_i with a new randomly generate solution by a scout according to Eq.(4.1);

End

Memorize the best solution found so far;

$Cycle = Cycle + 1$;

End while

End

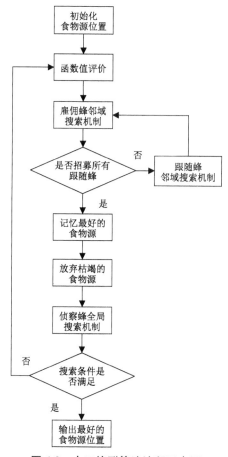

图 4.3　人工蜂群算法流程示意图

具体思想为:首先产生规模为 N 的种群,其中引领蜂和跟随蜂各占种群规模的一半,每个引领蜂被赋予一个初始位置,即蜜源的位置,每个维度上的分量由式(4.1)产生:

$$x_{i,j} = x_j^{lb} + rand(0,1)(x_j^{ub} - x_j^{lb}) \tag{4.1}$$

其中, $i \in \{1, 2, \cdots, m_e\}$, $j \in \{1, 2, \cdots, D\}$, D 为求解向量的维数, ub 和 lb 分别表示搜索空间的上限与下限的范围值, $m = 2m_e$, m 为种群规模, m_e 为雇佣蜂数量,将这 m 个可行解排名前 50% 的视为蜜源,蜜源个数在迭代过程中保持不变,每个蜜源对应一只雇佣蜂,后 50% 的解为跟随蜂所在的位置。设置迭代次数计算器 $t = 0$,最大迭代次数 MCN,蜜源停留最大限制次数 $limit$ 等相关参数。初始化标志向量 $Bas(i) = 0$,记录雇佣蜂停留在同一蜜源的循环次数。

算法开始时,引领蜂对所有的蜜源根据式(4.2)进行邻域搜索,产生新的蜜源,并进行适应度评价后对蜜源的位置进行更新,然后返回蜂巢后将蜜源的信息以摇摆舞的方式传递给等待在蜂巢附近的跟随蜂,跟随蜂将按照一定概率作出是否跟随觅食的选择,然后按照引领蜂更新蜜源的方式对其进行位置更新。

$$v_{i,j} = x_{i,j} + \varphi_{i,j}(x_{i,j} - x_{k,j}) \tag{4.2}$$

其中, $k \in \{1, 2, \cdots, m_e\} - \{i\}$, $j \in \{1, 2, \cdots, D\}$, $\varphi_{i,j} = rand[-1,1]$ 为 $[-1,1]$ 上的随机数; k 为随机选择的一只雇佣蜂, $x_{k,j}$ 则表示随机选择的第 k 只雇佣蜂第 j 维上的分量。随着迭代次数的增加, $x_{i,j} - x_{k,j}$ 的值会逐渐减小,蜜蜂搜索的空间逐渐减小,有利于提高搜索精度。

采用贪婪选择算子在新的蜜源 $\mathbf{V}_i$ 和原来的蜜源 $\mathbf{X}_i$ 之间选择一个更好的蜜源作为下一代搜索的位置,贪婪选择算子能够确保种群保持精英个体的优良特性,防止算法在进化过程中的退化。

在雇佣蜂完成邻域搜索后,比较原有蜜源与邻域搜索蜜源,并保存较优者。同时,将蜜源信息以舞蹈的方式与跟随蜂分享,跟随蜂则根据雇佣蜂提供的蜜源信息,以一定概率来选择蜜源采蜜。蜜源的收益度越高,吸引跟随蜂的概率越大。选择概率如式(4.3)所示:

$$p_i = \frac{f_i t_i}{\sum\limits_{i=1}^{m_e} f_i t_i} \tag{4.3}$$

被吸引的跟随蜂在雇佣蜂搜索的蜜源附近根据式(4.2)进行邻域搜索,记录较优蜜源位置。

判断雇佣蜂的搜索标志向量 $Bas(i)$ 是否达到最大限制次数 $limit$,若 $Bas(i) > limit$,则第 i 个雇佣蜂放弃当前蜜源转为侦察蜂,在解空间内根据式(4.1)进行随机搜索。如果迭代条件满足,最后输出全局最优位置。

4.2.3　人工蜂群优化算法的特点

近十年来,人工蜂群算法通过国内外学者的不断研究与总结,目前具有以下一些特点:

(1) 参数设置简单,算法易于实现。算法中模拟蜜蜂个体搜索蜜源信息,搜索原理简单,算法易于实现。算法中不需要求解梯度信息,仅仅考虑适应度函数值,所以算法参数设置较少。

(2) 全局搜索性能。算法中采用引领蜂和跟随蜂根据蜜源位置确定搜索范围,并以一定的距离和方向随机移动搜索,同时在蜜源枯竭后采用侦察蜂的搜索策略在全局空间进行全局搜索,表现出一定的未知区域全局勘探性能。

(3) 自组织性。蜂群通过雇佣蜂、跟随蜂和侦察蜂三种蜂群角色分配,相互协作的方式,很好地实现了从个体行为到群体协作的较好的生物自组织特性。

(4) 鲁棒性。整个蜂群搜索过程是去中心化分布式的搜索策略,通过随机选择和一定概率规则从而实现了搜索性能较为理想的鲁棒性能。

然而,人工蜂群算法作为一种新型的仿生群智能优化策略,算法还存在许多不足,需要不断完善和进一步研究改进。比如,种群多样性不足,搜索过程容易陷入局部最优,导致搜索后期易发生停滞现象等。此外,对算法的改进、与其他优化策略的有机结合、算法的特性分析以及算法在复杂领域的应用等也是需要进一步研究的地方。

4.2.4　侦察蜂全局快速侦察的生物机理

传统的人工蜂群算法中,侦察蜂阶段的侦察搜索表现为逃逸行为,对可能导致算法早熟收敛的个体执行逃逸操作,也就是搜索空间中的随机初始化操作。

对真实蜜蜂的研究表明,侦察蜂在每个蜂群中的规模约为 $3\% \sim 5\%$,其具有全局快速侦察搜索的行为特征。蜜蜂觅食时,先由侦察蜂四处快速侦察蜜源,侦察到食物后,用舞蹈的方式召唤吸引其他蜜蜂前去觅食。侦察蜂四处侦察食物的过程有两个特点:一是它在一定的范围内四处快速侦察因而其觅食过程具有一定的随机性和遍历性;另一特点是其觅食过程会受到已找到的蜜源位置的影响,具有一定的信息传递性和共享性。

蜜源、侦察蜂和觅食蜂是本书蜂群算法模型中的三个基本要素。侦察蜂在整个蜂群的觅食行为中,对整个群体觅食行为有全局的侦察指导作用,并将其侦察的蜜源信息与觅食蜂进行资源共享,同时侦察蜂为了防止蜜源的枯竭,会进行全局再侦察。觅食蜂分为引领蜂和跟随蜂,引领蜂也称为雇佣蜂,记录与其对应蜜源的相关信息,并将信息与其他蜜蜂按一定概率分享。这种改进的人工蜂群算法模型是在传统的三种基本行为模式(蜜源招募蜜蜂、觅食蜂搜索蜜源和放弃蜜源)的基础上,增加了侦察蜂全局侦察搜索行为,符合自然界中的蜂群觅食习惯。

另外,每个引领蜂都预先设定一个控制参数 $limit$,用以记录每个蜜源被循环更新的次数。如果存在某个蜜源被循环更新的次数达到 $limit$ 设定的最大上限后收益度仍没有任何的提高,那么这个蜜源被认为枯竭,将被舍弃。传统的人工蜂群算法处理的方式为将与之对应的引领蜂转为一只虚拟的侦察蜂在解空间中随机搜索新的蜜源。而本章算法与之不同,当搜寻的蜜源出现枯竭时根据侦察蜂新的侦察机制将吸引觅食蜂寻找新的、收益度更高的蜜源,从而替代原先算法中的随机搜索。这样有助于弥补传统算法中侦察蜂逃逸行为的不足,提高全局侦察指导能力,防止陷入局部最优。

算法基于侦察蜂的生物机理,同时受文献[164]启发,利用侦察蜂大视域的全局侦察搜索和觅食蜂小步长的局部邻域搜索相互协作完成搜索优化过程。全局侦察搜索机制主要由两部分构成:第一部分为侦察蜂的大步长全局搜索。考虑混沌序列具有混沌运动的随机性和遍历性等特点,因此,在算法中引入混沌序列,结合蜂群在蜜源搜索过程中的经验信息来确定侦察蜂的大步长全局搜索。第二部分是加强引领蜂和跟随蜂的邻域搜索机制,嵌入多个搜索启发项形成预测与选择机制,从而利用侦察蜂的全局搜索信息能力指导引领蜂和跟随蜂的局部寻优。当蜜源枯竭时则进行侦察蜂的全局再搜索,共享全局侦察中获得的较好的蜜源信息。通过不断地重复上述过程,使算法能找到问题的最优解或较好解。

4.3　基于全局侦察策略改进的人工蜂群算法

传统的 ABC 算法实际上是一种通过蜜蜂个体的局部寻优行为来凸显全局最优结果的寻优方式,而本章是从改进侦察蜂的搜索机制的角度提出一种基于全局侦察策略改进的人工蜂群优化算法,以提高算法的全局搜索性能,防止算法的早熟收敛。另外,传统的 ABC 算法其邻域搜索方式并没有采用任何对比信息,只是在某个食物源周围随机选取一个蜜源位置进行更新。换言之,随机选取食物源优劣的概率是相等的,没有预测与选择机制,会使得算法的局部搜索能力受限。基于预测与选择的邻域搜索机制,不仅利用侦察蜂全局侦察的信息,同时结合局部搜索过程中的预测与选择机制,加强了局部寻优能力,提高了搜索精度。本章算法就是在上述思想指导下得到的。

4.3.1　相关定义

为了叙述方便,给出如下约束和定义:

定义 4.1　一个连续域全局优化问题,记作 $C=(S,\Omega,f_{\text{opt}})$,其中,搜索空间 S 为连续域变量 $X_i(i=1,\cdots,m)$ 的有限集。有限空间的解 $s^* \in X$,$s^* = \{x_1, x_2, \cdots, x_D\}$,$D$ 为求解空间的维数;Ω 为变量的约束集,若为空,则 C 为无约束问题模型,否则为有约束问题;f_{opt} 为优化目标函数,分别用 f_{opt}^+ 表示取函数最大值,f_{opt}^- 表示取函数最小值。本章以研究 f_{opt}^- 的函数优化问题为例。

定义 4.2　对于解 $s^* \in S$,若有 $f_{\text{opt}}^-(s^*) \leqslant f_{\text{opt}}^-(s)$,$\forall s \in S$,则为全局最优解。整个全局优化解集 $S^* \subseteq S$。连续域空间函数优化问题的目标则是求得至少一个 $s^*(s^* \in S^*)$。

定义 4.3　根据定义 1 和 2,对于连续优化问题

$\min f(X_i)$,$X_i(i=1,\cdots,m)=(x_{i1}, x_{i2}, \cdots, x_{ij}, \cdots, x_{iD})$ 简记为 $f_{\min}(X)=f_{\text{opt}}^-(X)$。

st. $lb_j \leqslant x_{i,j} \leqslant ub_j(j=1,2,\cdots,D)$,$[lb_j, ub_j]$ 为 $x_{i,j}$ 第 j 分量的取值区间。m 为侦察蜂总数,对于任意一只蜜蜂,t 时刻,在解空间的位置为 $X_i(t) \in S$。对于 $\forall X_i \in S$,都有 $f_{\text{opt}}^-(X_g) \leqslant f_{\text{opt}}^-(X_i)$,$X_g$ 为全局最优解。连续域空间函数优化问题的目标则是求得至少一个 $X_g=s^*$。

定义 4.4 用 v^* 表示算法得到的全局最优值，v^a 表示目标函数的全局最优值，误差则表示为：$|v^* - v^a|$，误差容许范围为 $(|v^* - v^a| < \varepsilon_1 |v^a| + \varepsilon_2)$，其中，$\varepsilon_1 = \varepsilon_2 = 1E-7$。

4.3.2 侦察蜂的全局侦察机制

（1）侦察蜂初始分配方法

将求解空间划分为 m_s 等份，m_s 对应为侦察蜂的数量。将 m_s 只侦察蜂分配在 m_s 个子空间，设侦察蜂的初始位置为 $x_{i,j}(t_0)$，$i = 1, 2, \cdots, m_s$，$j = 1, 2, \ldots, D$，可由(4.4)式得到：

$$x_{i,j}(t_0) = lb_j + i \cdot (ub_j - lb_j) / m_s \tag{4.4}$$

式中，i 表示侦察蜂的序号（第 i 只侦察蜂），(4.4)式为每只侦察蜂 i 被分配到子空间的初始位置。

（2）侦察蜂全局侦察策略

考虑到混沌序列具有混沌运动的随机性和遍历性等特点，本章利用这一特点来体现侦察蜂全局空间内侦察食物的随机性和遍历性，将 m_s 只侦察蜂按混沌序列映射到解的定义域中。然而，基于混沌运动的混沌搜索并没有启发信息，搜索过程会存在较大的盲目性，因此收敛速度和寻优精度都不太理想。本章再借鉴 PSO 算法，该算法启发信息有余，搜索多样性不足，从而易于陷入早熟。受这两个算法的启发并根据侦察蜂觅食特点，我们用一个混沌搜索项来体现侦察蜂的大视域随机搜索，再用一个启发项来表示侦察蜂寻食过程中受历史搜索到的食物位置的启发。由此，侦察蜂寻食过程可用(4.5)式表示：

$$x_{i,j}(t+1) = x_{i,j}(t) + r_1(t) \cdot [lb_j + i \cdot (ub_j - lb_j) / m_s] \\ + r_2(t) \cdot [x_{g,j} - x_{i,j}(t)] \tag{4.5}$$

$$r_k(t) = \mu[r_k(t-1) \cdot (1 - r_k(t-1))], \ r_k(t) \in (0,1), \\ k = 1, 2, \ r_k(t_0) = rand(0,1), \ m_s = alf \cdot m \tag{4.6}$$

式中，$i = 1, 2, \cdots, m_s$，$j = 1, 2, \cdots, D$，$x_{i,j}(t) \in S$ 是在解空间的当前位置，$x_{i,j}(t+1)$ 是搜寻后的新位置；x_g 表示到目前为止所有侦察蜂已全局侦察到的最好蜜源；$r_k(t)$ 为两个不同的混沌序列，μ 为常数，本章取值为 4，$r_k(t_0)$ 是这些混沌序列的初值，$rand(0,1)$ 表示产生 $[0,1]$ 间的随机数；$r_1(t) \cdot [lb_j +$

$i \cdot (ub_j - lb_j) / m_s]$ 项反映了在所分配的子工作间内进行局部随机遍历搜索；$r_2(t) \cdot [x_{g,j} - x_{i,j}(t)]$ 则表示在已得到的全局最优解的启发下的全局搜索；侦察蜂数量 m_s 取值为种群的 alf 倍，$alf \in [0.02, 0.2]$。

用(4.7)式保证 $x_{i,j}(t+1)$ 满足区间约束：

$$x_{i,j}(t+1) = \begin{cases} ub_j & \text{if } x_{i,j}(t+1) > ub_j \\ lb_j & \text{if } x_{i,j}(t+1) < lb_j \end{cases} \tag{4.7}$$

4.3.3 觅食蜂的局部邻域搜索机制

(1) 引领蜂和跟随蜂的初始分配方法

初始时，随机初始化一组可行的食物源 $X_i (i=1, \cdots, m_e)$，每一个食物源的位置由式(4.8)产生：

$$x_{i,j} = x_j^{lb} + rand(0, 1)(x_j^{ub} - x_j^{lb}) \tag{4.8}$$

其中，$i \in \{1, 2, \cdots, m_e(m_o)\}$，$j \in \{1, 2, \cdots, D\}$，$D$ 为求解向量的维数，$m_e = m_o = (m - m_s)/2$，m_e 和 m_o 分别为引领蜂和跟随蜂的数量，m 为种群规模。

(2) 引领蜂和跟随蜂的预测与选择机制

将引领蜂和跟随蜂根据式(4.8)进行初始化。为了进一步提高算法的寻优能力、增强搜索的多样性以及提高求解精度，本章在邻域搜索时受文献[81]启发，结合基本 ABC、GABC 和 IABC 的搜索机制，即式(4.9～4.11)以及式(4.9)的邻域搜索机制，同时，增加式(4.13)来提高局部搜索时蜜源的预测与选择机制。根据式(4.9～4.13)进行蜜源收益度的预测选择。搜索过程中引领蜂或跟随蜂结合这 5 个搜索公式搜索出 5 个候选蜜源，从中确定收益度最优的蜜源，从而更加有效地指导局部邻域搜索。

$$v_{i,j} = x_{i,j} + \varphi_{i,j}(x_{i,j} - x_{k,j}) \tag{4.9}$$

$$v_{i,j} = x_{i,j} + \varphi_{i,j}(x_{i,j} - x_{k,j}) + \phi_{i,j}(x_{g,j} - x_{k,j}) \tag{4.10}$$

$$v_{i,j} = x_{i,j} w_{i,j} + \varphi_{i,j}(x_{i,j} - x_{k,j}) \Phi_1 + \phi_{i,j}(x_{g,j} - x_{k,j}) \Phi_2 \tag{4.11}$$

$$v_{i,j} = x_{g,j} + \varphi_{i,j}(x_{k_1,j} - x_{k_2,j}) \tag{4.12}$$

$$v_{i,j} = x_{g,j} + \varphi_{i,j}(x_{g,j} - x_{i,j}) \tag{4.13}$$

其中，k_1、$k_2 \in \{1, 2, \cdots, m_e(m_o)\} - \{i\}$，$j \in \{1, 2, \cdots, D\}$，$\varphi_{i,j}$ 和 $\phi_{i,j}$ 为缩放因子，分别表示均匀分布在 $[-1,1]$ 和 $[0,1]$ 之间的随机数。$x_{g,j}$ 为所有蜜蜂到目前为止经历的最好位置。在式 (4.11) 中的权重 $w_{i,j}$，加速系数 Φ_1 和 Φ_2 的设置如式 (4.14) 所示。式 (4.12) 中 $x_{k1,j}$ 和 $x_{k2,j}$ 是从当前蜂群中随机选择的两个候选解，$k_1 \neq k_2 \neq i$，$x_{k1,j} - x_{k2,j}$ 为差异化向量，随着迭代次数的增加，差异化值会逐渐减小，蜜蜂搜索的空间也逐渐减小，有利于提高搜索精度，便于算法在全局最好解周围搜索出更好解。式 (4.15) 为利用全局最好信息加速收敛。

$$w_{i,j} = \Phi_1 = 1/\{1 + \exp[-fit(i)/fit(1)]\} \tag{4.14}$$

$$\Phi_2 = \begin{cases} 1 & \text{if employed bees} \\ 1/\{1 + \exp[-fit(i)/fit(1)]\} & \text{if onlookers} \end{cases} \tag{4.15}$$

4.3.4 SABC 算法步骤

SABC 算法的伪代码如算法 4-2 所示，算法步骤如下：

Step1：参数设置：设置蜂群规模数 m，引领蜂数 m_e，侦察蜂数 m_s 以及跟随蜂数 m_o，设置寻食步数计数器 $t = 0$，最大寻食步数为 MCN，蜜源停留最大限制次数为 $limit$，初始化标志向量 $Bas(i) = 0$。

Step2：初始化种群：按式 (4.8) 将 m_e 只引领蜂进行初始化设置，按 (4.4) 式将 m_s 只侦察蜂分配到 m_s 个子空间，对 m_s 只侦察蜂的位置 $X_i(t_0)$ 用适应值函数 $y = f_{opt}^-(X_i)$ 进行评价，$i = 1, 2, \cdots, m_s$，得到 $y_{min} = \min\{y_1, y_2, \cdots, y_m\}$，则有 $y_{min} = f_{opt}^-[X_g(t_0)]$。令 $\min = y_{min}$，记录 $\min$，将 $X_g(t_0)$ 作为当前全局最好解。

Step3：侦察蜂全局侦察搜索：侦察蜂根据式 (4.5) 进行大视域全局搜索，计算解空间的位置分量；根据 (4.6) 式，初始化 $r_1(t_0) = rand(0,1)$，$r_2(t_0) = rand(0,1)$；根据 (4.7) 式进行边界检查与转换。对 m_s 只侦察蜂的位置 $X_j(t)$ 用目标函数 $y = f_{opt}^-(X_j)$ 进行适应度函数评价，$j = 1, 2, \cdots, m_s$，得到 $y_{min} = \min\{y_1, y_2, \cdots, y_m\}$；$y_{min} = f_{opt}^-[X_g'(t)]$。

Step4：引领蜂邻域局部搜索：对每一个引领蜂与侦察蜂搜索的最好蜜源进

行信息共享,根据式(4.9)~(4.13)在邻域蜜源搜索,并进行边界检查与转换,生成相应的候选解 V_i,计算蜜源所表示的适应值函数值 $y=f_{opt}^-(V_i)$,根据评价结果,在新的蜜源 $V_i(i=1, 2, \cdots, m_e)$ 和原来的蜜源 $X_i(i=1, 2, \cdots, m_e)$ 之间选择一个更好的蜜源作为下一代搜索的位置,更新标志向量 $Bas(i)=Bas(i)+1$。

Step5:招募所有跟随蜂:在引领蜂完成邻域搜索后,将蜜源信息以舞蹈的方式与跟随蜂分享,跟随蜂则根据引领蜂提供的蜜源信息,根据式 $p_i = \dfrac{f_i t_i}{\sum\limits_{ei=1}^{m} f_i t_i}$ 计算跟随蜂选择蜜源的概率 p_i。蜜源的收益度越高,吸引跟随蜂的概率越大。

Step6:跟随蜂邻域搜索机制:被吸引的跟随蜂在引领蜂搜索的蜜源附近根据式(4.6)~(4.10)进行邻域搜索,记录较优蜜源位置。更新标志向量 $Bas(i)$。

Step7:食物源枯竭处理:判断蜜源的搜索向量 $Bas(i)$ 是否达到最大限制次数 $limit$,若 $Bas(i) > limit$,则第 i 个蜜蜂放弃当前蜜源而选择侦察蜂全局搜索的最好位置作为新蜜源的搜索位置。

Step8:记忆最好食物源:比较 y_{min} 与 min,若有 $y_{min} < $ min,则令 min $= y_{min}$,$X_g(t)=X_g'(t)$;记录当前所有蜜蜂找到的最优蜜源,即全局最优解 s^*。

Step9:搜索条件是否满足:更新迭代次数 $t+1$,若满足当前迭代次数 $t > MCN$,则搜索停止,输出 $f_{opt}^-(X_g)$ 和全局最优位置 X_g,否则转 Step3 继续执行。

算法 4-2	SABC 算法伪代码
Line	**Set the control parameters**
1	m:Colony size
2	alf:The scale factor of scouts
3	m_s:The number of scouts for global reconnaissance $[m_s=\text{round}(alf \cdot m)]$
4	SN:Number of food sources $[SN=(m-m_s)/2=m_e=m_o]$
5	$limit$:Maximum number of trial for abandoning a source
6	$Max.FE$:Maximum number of fitness evaluations

7	**1. Initialization phase**
8	$num\_FEs \leftarrow 0$;
9	**For** $i=1$ to SN
10	$X_i \leftarrow$ random solution by Eq.4.1;
11	$f_i \leftarrow f(X_i)$; $Bas(i) \leftarrow 0$; num_FEs ++;
12	**End For**
13	Initialize m_s scouts to be food source by Eq.4.4;
14	Evaluate m_s scouts and set $num\_FEs = num\_FEs + m_s$;
15	**Repeat**
16	**2. Scouts global search phase**
17	**For** $s=1$ to m_s
18	$X_s \leftarrow$ a new solution by Eq.4.5—4.7
19	$f_s \leftarrow f(X_s)$; num_FEs ++;
20	**If** $num\_FEs == Max.FE$ **then**
21	Memorize the best solution achieved so far and exit main repeat;
22	**End If**
23	**End For**
24	**3. Employed bees search phase**
25	**For** $i=1$ to SN
26	**For** $j=1$ to 5
27	$x_j \leftarrow$ a new solution produced by Eq.4.9~4.13 respectively
28	$f(x_j) \leftarrow$ evaluate new solution; $f_v = f(x_j)$; num_FEs ++;
29	**If** $f_v < f_i$ **then**
30	$X_i \leftarrow v$; $f_i \leftarrow f_v$; $Bas(i) \leftarrow 0$;
31	**Else**

（续表）

32	$Bas(i) \leftarrow Bas(i) + 1;$
33	**End If**
34	**If** $num\_FEs == Max.FE$ **then**
35	Memorize the best solution achieved so far and exit main repeat;
36	**End If**
37	**End For**
38	**End For**
39	Calculate the probability values p_i for the solutions using fitness values by Eq.4.3;
40	**4. Onlookers search phase**
41	$i \leftarrow 1; u \leftarrow 1;$
42	**Repeat**
43	**If** $p_i > rand~(0,1)$ **then**
44	**For** $j = 1$ to 5
45	$x_j \leftarrow$ a new solution produced by Eq.4.9~4.13 respectively
46	$f(x_j) \leftarrow$ evaluate new solution; $f_v = f(x_j);$ $num\_FEs++;$
47	**If** $f_v < f_i$ **then**
48	$X_i \leftarrow v; f_i \leftarrow f_v; Bas(i) \leftarrow 0;$
49	**Else**
50	$Bas(i) \leftarrow Bas(i) + 1;$
51	**End If**
52	$u \leftarrow u + 1;$
53	**If** $num\_FEs == Max.FE$ **then**
54	Memorize the best solution achieved so far and exit main repeat;

（续表）

55	**End If**
56	**End For**
57	**End If**
58	$i \leftarrow (i \bmod SN) + 1;$
59	**Until** $u = SN;$
60	**5. Scout bee search phase**
61	$k \leftarrow \{i: Bas(i) = \max(Bas)\};$
62	**If** $Bas(k) >= limit$ **then**
63	$X_k \leftarrow X_s; f_k = f_s; Bas(i) \leftarrow 0;$
64	**If** $num\_FEs == Max.FE$ **then**
65	Memorize the best solution achieved so far and exit main repeat;
66	**End If**
67	**End If**
68	Memorize the best solution achieved so far;
69	**Until** $num\_FEs = Max.FE;$

4.4 计算机数值仿真实验结果与讨论

为了验证本章提出的 SABC 算法的有效性,作者选用 42 个典型的测试函数进行了大量的计算机仿真数值实验,这些测试函数示于表 3.1 和表 3.2。其中,表 3.1 为 16 个常用的典型的高维测试函数,除了 Schwefel 2.26 函数最优值为 $-418.98 * D$ 外,其余函数的理论最优值都为 0。当测试函数的维数大于 30 时,全局最优很难收敛。测试问题对算法全局优化性能的要求很高。表 3.2 选用了 26 个固定维数的测试函数,维数范围在 2~25 维之间,部分为复杂的多模函数,如 FP,$S_{4,10}$ 和 ML 等,求解很困难。对于表 3.2 中的固定维数的测试函数的理论最优值示于表 3.3。最后一个问题集包括从 CEC 2005 中选出的 10 个基准测试问题($F_1 \sim F_{10}$)。该集合由单峰、多模、变换、旋转和混合组合的测试函数组成。这组函数具有不同的特征,包括单峰函数、多模函数、变换函数、旋转函数和混合组合函数。本节实验设备为一般笔记本电脑,CPU 为 Intel(R) Core(TM) 2 Duo CPU T6500 2.10GHz,4G 内存,实验仿真软件是 Matlab 7.0。

使用表 3.1 和表 3.2 中所示的测试函数对算法 SABC 进行了三组问题集的测试,与传统的 ABC 算法、PSABC 等已有的典型改进算法进行了实验比较,同时,将 SABC 与近年来提出的改进的其他智能优化算法进行了性能比较。本章算法的实验参数设置同 PSABC 算法,种群规模数为 40,$limit$ 值为 200,对于 PS-MEABC,EABC,IABC 和 I-ABC greedy 等算法也采用了相同的 $limit$ 设置数值,为了比较的公平,算法运行的停止条件被设置为 $Max.FE = 5\,000D$ 的评价次数。实验数据是在独立运行 30 次的情况下,取平均值 mean,最好值 best,最坏值 worst,标准方差 SD(Standard Deviation)以及收敛函数评价的平均值,表示为预期运行时间 ERT(Expected Running Time)。其中,ERT 记录平均在 30 次独立运行下其收敛精度误差值小于阈值 err(1.0E−6)的值。同时,使用著名的非参数统计假设检验方法 Wilcoxon 符号秩检验(Wilcoxon singed-rank)。其中,"t"表示 CS 算法与 PSCS 算法的平均误差在 0.05 水平下的检验是不显著的,"w"和"l"表示标准 CS 算法与 PSCS 算法的平均误差在 0.05 水平下的检验是显著的,"w"表示 CS 算法求解质量比 PSCS 算法差,而"l"则代表求解精度比 PSCS 算法好。表中最好的实验结果为加粗显示。Wilcoxon 符号秩检验对 SABC 算法与其他算法在平均误差 0.05 水平下的显著性进行了比较。SABC 算法与其他算法的比较结果在表的最后一行使用 $w/t/l$ 进行了统计。另外,相比于 PS−ABC 算法增加了侦察蜂群规模系数 alf,为了使算法达到更好的搜索效果,实验首先对该参数进行了测试选择。

4.4.1 侦察蜂规模系数对收敛的影响

为了测试侦察蜂规模系数 alf 值的不同选择对算法的影响,本章从表 3.1 中选取了 9 个高维复杂测试函数来评测参数对算法性能的影响,其中包括 4 个单模和 5 个多模复杂函数。9 个测试函数全局最优值都为 0,固定维数为 30,最大评价次数 $Max.FE = 1000 * D = 30000$,测试结果如表 4.1 所示。

表 4.1 对 9 个高维函数不同 alf 参数设置下的实验结果

alf	SM						RO					QN				
	ERT	mean	SD	best	worst		ERT	mean	SD	best	worst	ERT	mean	SD	best	worst
0.02	9145	1.11E-44	2.49E-44	0	5.56E-44		30 000	5.16E+01	3.20E+01	8.03E+01	7.68E+01	30 000	3.16E-02	3.01E-02	4.98E-03	8.13E-02
0.05	7517	4.09E-138	9.15E-138	0	2.05E-137		30 000	1.82E+01	1.15E+01	4.24E+00	2.88E+01	30 000	1.58E-03	1.72E-03	5.50E-04	4.60E-03
0.07	8765	1.94E-19	4.34E-19	0	9.71E-19		30 000	4.68E+01	4.04E+01	3.14E+00	9.21E+01	30 000	6.64E-03	3.62E-03	1.33E-03	1.05E-02
0.1	6360	2.60E-290	0	0	1.30E-289		30 000	5.15E+01	4.03E+01	1.15E+01	9.96E+01	30 000	3.54E-03	1.72E-03	2.06E-03	6.33E-03
0.15	6012	6.58E-96	1.47E-95	0	3.29E-95		30 000	4.04E+01	2.78E+01	9.61E+00	8.14E+01	30 000	6.43E-03	6.06E-03	1.36E-03	1.64E-02
0.2	7075	9.26E-24	2.07E-23	0	4.63E-23		30 000	3.15E+01	2.97E+01	4.05E+00	8.21E+01	30 000	2.14E-03	1.78E-03	3.87E-04	5.12E-03

alf	ST						AC					P$_1$				
	ERT	mean	SD	best	worst		ERT	mean	SD	best	worst	ERT	mean	SD	best	worst
0.02	17 582	8.88E-16	0	8.88E-16	8.88E-16		6 222	0	0	0	0	15 782	1.24E-10	8.34E-11	2.14E-11	2.42E-10
0.05	16 211	8.88E-16	0	8.88E-16	8.88E-16		6 825	0	0	0	0	16894	1.80E-10	2.62E-10	1.67E-11	6.46E-10
0.07	16 099	8.88E-16	0	8.88E-16	8.88E-16		7 476	0	0	0	0	17427	1.82E-10	5.96E-11	1.21E-10	2.54E-10
0.1	14 605	8.88E-16	0	8.88E-16	8.88E-16		6 479	0	0	0	0	16 583	2.68E-11	1.16E-11	1.09E-11	4.14E-11
0.15	15 059	8.88E-16	0	8.88E-16	8.88E-16		6 488	0	0	0	0	16 684	2.28E-11	1.60E-11	5.50E-12	4.32E-11
0.2	13 595	8.88E-16	0	8.88E-16	8.88E-16		6 507	0	0	0	0	15 993	7.41E-12	8.93E-12	1.48E-12	2.32E-11

alf	P$_2$						GR					RA				
	ERT	mean	SD	best	worst		ERT	mean	SD	best	worst	ERT	mean	SD	best	worst
0.02	23 542	7.86E-08	1.63E-07	5.28E-10	3.70E-07		16 146	3.85E-10	8.60E-10	0	1.92E-09	9 982	0	0	0	0
0.05	21 036	6.30E-09	9.70E-09	4.28E-10	2.35E-08		14 962	0	0	0	0	9 979	0	0	0	0
0.07	22 937	2.41E-08	3.52E-08	9.51E-10	8.50E-08		17 236	0	0	0	0	10 208	0	0	0	0
0.1	20 601	4.31E-09	5.63E-09	1.08E-10	1.19E-08		13 357	0	0	0	0	10 429	0	0	0	0
0.15	21 172	8.38E-10	7.78E-10	2.35E-10	2.16E-09		16 547	1.42E-04	3.18E-04	0	7.12E-04	12 323	0	0	0	0
0.2	23 171	1.53E-09	3.10E-09	7.12E-12	7.06E-09		14879	0	0	0	0	12 898	0	0	0	0

测试方法是固定其余的参数（$m=40$，$limit=200$），改变侦察蜂系数 alf 在 $[0.02, 0.2]$ 范围内的取值，实验中侦察蜂的数量根据 alf 系数的取值不同进行四舍五入。从表 4.1 的实验结果来看，参数设置不同会对收敛效果产生一定的影响。在 9 个测试函数中，SM、ST、AC、GR 和 RA 这 5 个函数都能收敛到全局最优值，但收敛的迭代次数有所不同。而对于其余 4 个函数的测试，其求解精度影响不明显。实验进一步对影响明显的 5 个函数的迭代次数进行分析，如图 4.4 所示，侦察蜂数量系数的取值对测试函数的迭代次数有所影响，若大多数函数的 alf 取值介于 0.07 至 0.15 之间，则会带来比较理想的收敛迭代次数。综合图 4.4 和表 4.1 中的测试结果可知，将侦察蜂的规模系数 alf 控制在 $[0.07, 0.15]$ 之间为宜，在 0.1 附近取值求解结果相对较好。所以，本章算法实验中 alf 取 0.1，有利于提高算法对不同函数优化的求解精度。

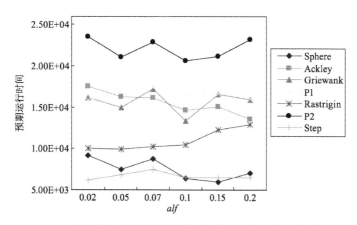

图 4.4　侦察蜂规模系数对不同函数迭代次数的影响示意图

4.4.2　SABC 与 ABC 算法的实验对比

在相同参数设置的情况下将本章 SABC 算法与传统 ABC 算法进行了实验比较，在我们的实验中，算法的其他参数设置如下：

（1）ABC：$SN=20$，$limit=SN*D$

（2）SABC：$NP=m=40$，$SN=18$，$limit=200$，$alf=0.1$

实验数据如表 4.2 和表 4.3 所示，其中数值粗体表示所测的较好解。从测试结果来看，本章 SABC 算法比 ABC 算法性能更加优越。表 4.2 中显示本章算法对所有函数测试的求解精度都高于传统的 ABC 算法，除了 ST 测试函数，两者都能达到全局最优,而本章 SABC 算法的平均收敛迭代次数则明显减少。对于固定维数的测试结果,示于表 4.3。在 26 个固定维数的测试函数中 BO_1,BO_2,BR,ES,SB,$S_{4,5}$,$H_{6,4}$,ML_2 和 MI 这 9 个函数,两者具有相同的求解精度,但本章算法总体上收敛速度更快。其余函数,SABC 算法基本上都比 ABC 算法的求解精度高,体现出本章算法的优越性能。

表 4.2 比较 ABC 与 SABC 算法对 16 个高维函数的实验结果

Sy	ABC			SABC		
	ERT	mean	SD	ERT	mean	SD
AC	47 537	4.26E−14	**0**	**10 657**	**0**	**0**
GR	53 968	8.62E−09	1.93E−08	**15 505**	**0**	**0**
P_1	24715	5.68E−15	7.73E−16	**17 245**	**5.45E−16**	**8.59E−17**
P_2	28 298	3.80E−15	8.36E−15	**20 341**	**6.25E−16**	**1.18E−16**
QN	120 001	8.32E−05	6.30E−05	**90 004**	**1.91E−05**	**1.27E−05**
RA	41 593	5.68E−14	5.68E−14	**10 298**	**0**	**0**
NR	49 857	3.55E−16	7.94E−16	**9 291**	**0**	**0**
RO	150 000	1.28E+01	8.91E+00	150 000	**8.83E+00**	**9.22E+00**
S_{12}	150 000	6.29E+03	2.49E+03	150 000	**5.84E+03**	**1.44E+03**
SM	25 153	5.90E−16	1.04E−16	**7 166**	**0**	**0**
ST	7 498	**0**	**0**	**5570**	**0**	**0**
S_{21}	150 000	5.80E+00	1.97E+00	**114 010**	**0**	**0**
S_{22}	43 033	1.41E−15	1.60E−16	**3 026**	**0**	**0**
S_{26}	70 290	3.49E−11	6.38E−11	**41 526**	**2.18E−12**	**8.13E−13**
WE	56 009	1.42E−15	3.18E−15	**12 494**	**0**	**0**
ZA	150 000	2.08E+02	3.21E+01	150 000	**3.68E+01**	**2.10E+01**
$w/t/l$		15/1/0			—	

表 4.3 比较 ABC 与 SABC 算法对 26 个固定维数函数的实验结果

Sy	$f(x*)$	ABC			SABC		
		ERT	mean	SD	ERT	mean	SD
BO_1	0	1 665	**0**	**0**	**361**	**0**	**0**
BO_2	0	2 161	1.11E−17	2.48E−17	**363**	**0**	**0**
BR	0.397 9	2 105	**0.397 89**	**0**	**1513**	**0.397 89**	**0**
ES	−1	1 761	**−1**	**0**	**1117**	**−1**	**0**

（续表）

Sy	$f(x*)$	ABC			SABC		
		ERT	mean	SD	ERT	mean	SD
GP	3	3 273	**3**	8.37E−05	**2 701**	**3**	**1.19E−14**
SF	0.998 004	1 001	**0.998**	2.00E−16	**721**	**0.998**	**1.57E−16**
SB	−1.031 63	1 425	**−1.031 6**	**0**	**1 045**	**−1.031 6**	**0**
SH	−186.730 9	359 3	**−186.730 9**	2.86E−12	**1 441**	**−186.730 9**	**4.02E−14**
SC	0	8001	7.78E−03	4.33E−03	**1225**	**0**	**0**
$H_{3,4}$	−3.862 782	1 753	**−3.862 8**	**4.44E−16**	**1 261**	**−3.862 8**	4.97E−16
HV	0	15 000	2.41E−01	4.51E−01	**7 400**	**5.17E−13**	**6.94E−12**
CO	0	20 000	9.12E−01	1.29E+00	**16 005**	**5.66E−01**	**3.93E−01**
KO	3.0748E−04	20 000	1.20E−03	4.89E−04	20 000	**5.47E−04**	**1.25E−04**
PE	0	20 000	4.03E−01	6.74E−01	**16 011**	**1.39E−01**	**1.52E−01**
PS	0	20 000	**2.96E−02**	**3.93E−02**	**8 004**	6.43E−02	5.21E−02
$S_{4,5}$	−10.153 2	4 041	**−10.153 2**	**0**	6 626	**−10.153 2**	3.42E−06
$S_{4,7}$	−10.402 94	6 449	**−10.402 9**	1.91E−08	**3 961**	**−10.402 9**	**8.88E−16**
$S_{4,10}$	−10.536 41	6 513	**−10.536 4**	**5.07E−06**	**4 972**	**−10.536 4**	4.29E−05
$H_{6,4}$	−3.322 368	30 000	**−3.322**	3.85E−16	30 000	**−3.322**	**3.14E−16**
FP_2	0	3 105	1.16E−17	8.81E−18	**1 297**	**3.45E−18**	**3.28E−18**
FP_5	0	25 000	3.61E−01	2.70E−01	**20 009**	**2.61E−02**	**4.91E−02**
FP_{10}	0	50 000	5.60E+01	3.45E+01	**30 007**	**1.03E+01**	**1.03E+01**
ML_2	−1.080 9	10 000	**−2.423 1**	1.54E−13	10 000	**−2.423 1**	**1.27E−13**
ML_5	−0.965	25 000	−1.252 1	3.44E−01	25 000	**−0.869 87**	**6.70E−02**
ML_{10}	−0.965	50 000	−0.683 89	**1.56E−01**	50 000	**−0.790 53**	1.33E−01
MS_2	−12.119 01	3 545	**−12.119**	3.44E−15	**1 477**	**−12.119**	**2.89E−15**
MS_5	−10.405 6	25 000	−6.020 1	**3.76E+00**	25 000	**−6.140 4**	3.69E+00
MS_{10}	−10.208 8	50 000	**−3.908 4**	**3.56E+00**	50 000	−3.583 3	3.72E+00
MI	−9.660 152	22 393	**−9.660 2**	2.63E−13	**19 438**	**−9.660 2**	**0**
WI	0	50 000	7.93E−02	7.94E−02	**20 001**	**4.21E−02**	**3.16E−02**
PO	0	120 000	**2.15E−02**	**5.66E−03**	**72 008**	2.28E−02	1.06E−02
EF	0	112 857	5.40E−08	2.97E−08	**13 033**	**0**	**0**
$w/t/l$			12/19/1			—	

4.4.3　SABC 与 PS-ABC 算法的实验对比

SABC 算法是对 PS-ABC 算法的进一步改进,实验着重在相同环境下对 23 个测试函数两种算法的测试结果进行了比较,如表 4.4 和表 4.5 所示。其中, PS-ABC 算法的实验数据直接摘自文献[81]。表 4.4 给出了对 13 个高维函数分别在 20、30 和 50 维下测试得到的实验结果,从实验结果来看,SABC 算法对 10 个函数的测试结果优于 PS-ABC 算法,在两者都能同时达到全局最优值的情况下,SABC 算法的收敛迭代次数明显提高。另外,对于 P_1,P_2 和 RO 这 3 个函数的 SABC 算法的实验结果几乎和 PS-ABC 算法的实验结果性能相当,略差于 PS-ABC 算法,而对于 RO 函数,PS-ABC 算法在 20 和 30 维的测试情况下优于 SABC,而 SABC 对于 50 维的测试结果则更具优势。另外,实验还比较了 PS-ABC 与 SABC 算法对 10 个固定维数函数的实验结果,两者都能收敛到全局最优解,进一步给出了 30 次独立测试下的标准方差,示于表 4.5。

表 4.4　比较 PS-ABC 与 SABC 算法对 13 个高维函数的实验结果

Sy	D	PS-ABC			SABC		
		ERT	mean	SD	ERT	mean	SD
AC	20	9 037	8.88E−16	0	**6 481**	**0**	**0**
	30	15 266	8.88E−16	0	**10 657**	**0**	**0**
	50	27 221	8.88E−16	0	**24 051**	**0**	**0**
GR	20	13 630	0	0	**9 507**	0	0
	30	26 909	0	0	**15 505**	0	0
	50	28 861	0	0	**26 359**	0	0
P_1	20	15 529	3.49E−16	1.06E−16	**11 665**	**2.96E−16**	**8.93E−17**
	30	22 705	5.52E−16	1.67E−16	**17 245**	**5.45E−16**	**8.59E−17**
	50	35 257	1.15E−15	1.23E−16	**28 801**	**1.12E−15**	**4.97E−17**
P_2	20	18 385	**2.86E−16**	**1.81E−17**	**13 753**	3.16E−16	9.74E−17
	30	27 385	**5.61E−16**	**6.83E−17**	**20 341**	6.25E−16	1.18E−16
	50	46 825	1.19E−15	1.83E−16	**38 377**	**1.16E−15**	**9.08E−17**
QN	20	80 013	6.81E−03	3.83E−03	**80 012**	**2.52E−05**	**3.96E−05**
	30	120 005	4.14E−03	3.19E−03	**90 004**	**1.91E−05**	**1.27E−05**
	50	200 015	3.90E−03	3.49E−03	**98 978**	**1.09E−05**	**1.45E−05**

（续表）

Sy	D	PS-ABC			SABC		
		ERT	mean	SD	ERT	mean	SD
RA	20	**3 793**	0	0	5 690	0	0
	30	**7 777**	0	0	10 298	0	0
	50	**13 827**	0	0	16 527	0	0
RO	20	100 000	4.30E+00	5.47E+00	100 000	**1.22E+00**	**1.31E+00**
	30	150 000	1.15E+01	7.94E+00	150 000	**8.83E+00**	**9.22E+00**
	50	250 000	3.35E+01	2.88E+01	250 000	**2.84E+01**	**1.82E+01**
S_{12}	20	100 000	1.54E+03	5.56E+02	100 000	**8.90E+02**	**7.39E+02**
	30	150 000	5.98E+03	2.90E+03	150 000	**5.84E+03**	**1.44E+03**
	50	250 000	1.78E+04	5.23E+03	250 000	**7.04E+03**	**3.00E+03**
SM	20	**2 641**	0	0	4 754	0	0
	30	**3 841**	0	0	7 166	0	0
	50	**11 955**	0	0	13 537	0	0
ST	20	3 889	0	0	**2 449**	0	0
	30	6 410	0	0	**5 570**	0	0
	50	11 848	0	0	**10 538**	0	0
S_{21}	20	**22 585**	0	0	47 388	0	0
	30	150 000	9.56E−01	1.75E+00	**114 010**	**0**	**0**
	50	250 000	8.48E+00	5.99E+00	**83 268**	4.71E−03	5.91E−03
S_{22}	20	**1 105**	0	0	1 873	0	0
	30	**1 729**	0	0	3 026	0	0
	50	6 674	0	0	**5 980**	0	0
S_{26}	20	46 612	1.09E−12	9.96E−13	20 953	**0**	**0**
	30	62 259	2.98E−11	4.55E−11	41 526	**2.18E−12**	**8.13E−13**
	50	123 461	5.97E−10	6.42E−10	114 138	**1.67E−11**	**3.25E−12**
$w/t/l$			21/16/2			—	

表 4.5 比较 PS-ABC 与 SABC 算法对 10 个固定维数函数的实验结果

Sy	D	PS-ABC			SABC		
		ERT	mean	SD	ERT	mean	SD
BR	2	1921	0.397 89	0	**1513**	0.397 89	0
GP	2	**1 273**	3	1.75E−14	2 701	3	**1.19E−14**
SF	2	1 105	0.998	2.00E−16	**721**	0.998	**1.57E−16**
SB	2	1 441	−1.031 6	0	**1 045**	−1.031 6	0
$H_{3,4}$	3	1 489	−3.862 8	4.97E−16	**1 261**	−3.862 8	4.97E−16
KO	4	20 000	6.22E−04	1.82E−04	20 000	**5.47E−04**	**1.25E−04**
$S_{4,5}$	4	**5 209**	−10.153 2	**8.88E−16**	6 626	−10.153 2	3.42E−06
$S_{4,7}$	4	8 330	−10.402 9	**2.62E−06**	**3 961**	−10.402 9	8.88E−16
$S_{4,10}$	4	7 585	−10.536 4	4.29E−05	**4 972**	−10.536 4	**4.07E−11**
$H_{6,4}$	6	30 000	−3.322	3.14E−16	30 000	−3.322	3.14E−16
$w/t/l$			1/9/0			—	

从表 4.5 的实验结果可以看出，PS-ABC 算法有 4 个函数的收敛迭代次数低于 SABC 算法，而有 6 个测试函数收敛迭代次数不及本章算法，且两者在测试低维函数时性能基本相当，SABC 算法性能略好。总体来看，SABC 算法是基于 PS-ABC 算法的改进，由于引入了全局侦察策略，使得算法具有较好的全局搜索性能，可以有效避免算法的早熟收敛，防止陷入局部最优。

4.4.4 算法对维数变化的影响

为了进一步验证 SABC 算法的性能，实验测试了种群规模 m 与维数空间 D 的变化情况。本章继续选用表 4.1 中的 9 个常用多变量复杂测试函数对本章算法进行了测试，结果示于表 4.6。

从表 4.6 的结果来看，随着维数的变化，对于种群为 10 的 100 维的 AC、ST、RA 和 NR 测试函数都能收敛到全局最优值。SABC 算法对于大多数函数来看并不需要太多的种群也能达到较好的搜索性能。通过实验数据可以看出，本章算法对于高维的函数优化有一定的全局搜索能力与较好的求解精度。表 4.7 为本章算法对于 100 维到 500 维之间变化的函数优化的结果。表 4.7 中加粗部分为达到全局最优误差容许范围内的最好值与较好值，实验数据进一步反映出 SABC 算法对于高维函数有一定的适应性与求解能力。

表4.6　维数与种群变化的函数优化结果

m	Sy	$D=10$			$D=50$			$D=100$		
		mean	SD	best	mean	SD	Best	mean	SD	best
10	SM	**1.49E−69**	3.33E−69	0.00E+00	1.67E−19	3.74E−19	1.86E−61	8.35E−18	1.87E−17	3.62E−91
	RO	**4.61E−01**	5.39E−01	8.88E−02	8.98E+01	3.12E+01	4.35E+01	2.45E+02	5.57E+01	1.93E+02
	QN	**8.79E−05**	6.96E−05	8.87E−06	1.21E−04	5.77E−05	5.51E−05	1.09E−04	1.31E−04	5.10E−06
	AC	**0.00E+00**	0.00E+00	0.00E+00	**0.00E+00**	0.00E+00	0.00E+00	**0.00E+00**	0.00E+00	0.00E+00
	ST	**0.00E+00**	0.00E+00	0.00E+00	**0.00E+00**	0.00E+00	0.00E+00	**0.00E+00**	0.00E+00	0.00E+00
	P_1	**1.28E−05**	2.75E−05	9.05E−16	5.29E−02	1.14E−01	1.45E−05	7.37E−03	4.58E−03	1.99E−03
	P_2	**2.20E−03**	4.91E−03	9.50E−13	3.52E−01	3.25E−01	2.33E−02	2.24E+00	5.01E−01	1.56E+00
	GR	**1.23E−02**	1.38E−02	0.00E+00	7.05E−02	6.98E−02	0.00E+00	1.24E−01	8.77E−02	0.00E+00
	RA	**0.00E+00**	0.00E+00	0.00E+00	**0.00E+00**	0.00E+00	0.00E+00	**0.00E+00**	0.00E+00	0.00E+00
	NR	0.00E+00	0.00E+00	0.00E+00	**0.00E+00**	0.00E+00	0.00E+00	**0.00E+00**	0.00E+00	0.00E+00
20	SM	**0.00E+00**	0.00E+00	0.00E+00	**0.00E+00**	0.00E+00	0.00E+00	5.52E−222	0.00E+00	0.00E+00
	RO	**5.94E−02**	4.52E−02	6.32E−03	3.94E+01	4.07E+01	1.85E−01	2.16E+02	4.16E+01	1.53E+02
	QN	3.22E−05	2.58E−05	1.01E−05	8.40E−05	6.98E−05	1.45E−05	**2.95E−05**	2.35E−05	6.05E−06
	AC	**0.00E+00**	0.00E+00	0.00E+00	**0.00E+00**	0.00E+00	0.00E+00	**0.00E+00**	0.00E+00	0.00E+00
	ST	**0.00E+00**	0.00E+00	0.00E+00	**0.00E+00**	0.00E+00	0.00E+00	**0.00E+00**	0.00E+00	0.00E+00
	P_1	**1.90E−16**	1.20E−16	5.93E−17	1.90E−09	3.06E−09	1.36E−15	1.32E−07	2.69E−07	4.11E−15
	P_2	**2.00E−16**	7.13E−17	8.36E−17	7.31E−08	1.63E−07	7.45E−16	8.00E−02	1.30E−01	4.40E−13
	GR	8.42E−03	1.30E−02	0.00E+00	9.82E−03	2.20E−02	0.00E+00	**3.52E−03**	7.86E−03	0.00E+00
	RA	**0.00E+00**	0.00E+00	0.00E+00	**0.00E+00**	0.00E+00	0.00E+00	**0.00E+00**	0.00E+00	0.00E+00
	NR	**0.00E+00**	0.00E+00	0.00E+00	**0.00E+00**	0.00E+00	0.00E+00	**0.00E+00**	0.00E+00	0.00E+00

（续表）

m	Sy	D=10			D=50			D=100		
		mean	SD	best	mean	SD	Best	mean	SD	best
50	SM	**0.00E+00**	0.00E+00	0.00E+00	2.61E−36	5.85E−36	4.07E−246	2.18E−27	4.01E−27	7.26E−103
	RO	**3.28E−02**	5.56E−02	3.28E−03	2.71E+01	2.38E+01	2.10E+00	1.62E+02	5.64E+01	9.76E+01
	QN	1.59E−05	8.12E−06	5.76E−06	3.26E−05	2.88E−05	7.45E−06	**1.24E−05**	7.76E−06	1.47E−06
	AC	**0.00E+00**	0.00E+00	0.00E+00	**0.00E+00**	0.00E+00	0.00E+00	**0.00E+00**	0.00E+00	0.00E+00
	ST	**0.00E+00**	0.00E+00	0.00E+00	**0.00E+00**	0.00E+00	0.00E+00	**0.00E+00**	0.00E+00	0.00E+00
	P1	**1.38E−16**	5.12E−17	9.32E−17	1.09E−15	1.10E−16	9.69E−16	2.42E−15	1.19E−16	2.28E−15
	P2	**7.02E−17**	6.52E−18	6.45E−17	1.01E−15	8.09E−17	9.57E−16	2.66E−15	2.97E−16	2.28E−15
	GR	**0.00E+00**	0.00E+00	0.00E+00	**0.00E+00**	0.00E+00	0.00E+00	**0.00E+00**	0.00E+00	0.00E+00
	RA	**0.00E+00**	0.00E+00	0.00E+00	**0.00E+00**	0.00E+00	0.00E+00	**0.00E+00**	0.00E+00	0.00E+00
	NR	**0.00E+00**	0.00E+00	0.00E+00	**0.00E+00**	0.00E+00	0.00E+00	**0.00E+00**	0.00E+00	0.00E+00
100	SM	9.31E−97	2.08E−96					4.47E−107	9.99E−107	0.00E+00
	RO	**1.16E−02**	1.56E−02	1.11E−03	6.55E+00	9.35E+00	1.28E−01	1.27E+02	4.03E+01	6.12E+01
	QN	**7.76E−06**	3.51E−06	4.05E−06	1.17E−05	6.35E−06	5.96E−06	1.43E−05	1.26E−05	1.74E−06
	AC	**0.00E+00**	0.00E+00	0.00E+00	**0.00E+00**	0.00E+00	0.00E+00	**0.00E+00**	0.00E+00	0.00E+00
	ST	**0.00E+00**	0.00E+00	0.00E+00	**0.00E+00**	0.00E+00	0.00E+00	**0.00E+00**	0.00E+00	0.00E+00
	P1	**9.00E−17**	1.15E−17	8.15E−17	1.01E−15	9.31E−17	9.17E−16	2.42E−15	1.02E−16	2.31E−15
	P2	**9.03E−17**	4.26E−17	4.30E−17	9.59E−16	1.35E−16	7.75E−16	2.41E−15	1.98E−16	2.10E−15
	GR	**0.00E+00**	0.00E+00	0.00E+00	**0.00E+00**	0.00E+00	0.00E+00	**0.00E+00**	0.00E+00	0.00E+00
	RA	**0.00E+00**	0.00E+00	0.00E+00	**0.00E+00**	0.00E+00	0.00E+00	**0.00E+00**	0.00E+00	0.00E+00
	NR	**0.00E+00**	0.00E+00	0.00E+00	**0.00E+00**	0.00E+00	0.00E+00	**0.00E+00**	0.00E+00	0.00E+00

表 4.7　高维函数优化结果 $D=100$, 200, 300, 400 和 500

S_y	$D=100$		$D=200$		$D=300$		$D=400$		$D=500$	
	mean	SD	mean	SD	mean	SD	mean	SD	mean	SD
SM	**0.00E+00**	**0.00E+00**	**3.23E−261**	**0.00E+00**	**4.05E−131**	**9.05E−131**	4.32E−03	9.40E−03	3.41E+03	4.68E+03
RO	1.88E+02	1.42E+01	6.10E+02	6.60E+01	1.25E+03	1.42E+02	2.34E+03	2.02E+02	4.49E+03	1.26E+02
QN	2.49E−05	2.63E−05	3.27E−05	2.54E−05	4.39E−05	6.38E−05	9.21E−05	7.96E−05	4.74E−05	4.30E−05
AC	**0.00E+00**	**0.00E+00**	**1.36E−12**	**3.04E−12**	7.49E−03	1.18E−02	2.49E+00	1.39E+00	6.93E+00	7.07E−01
ST	**0.00E+00**	**0.00E+00**	**0.00E+00**	**0.00E+00**	**0.00E+00**	**0.00E+00**	**0.00E+00**	**0.00E+00**	**0.00E+00**	**0.00E+00**
P_1	**2.69E−15**	**2.00E−16**	**2.71E−09**	**2.74E−09**	8.16E−07	1.15E−06	4.95E−05	8.08E−05	2.05E−02	3.11E−02
P_2	**2.59E−15**	**3.39E−16**	**1.84E−07**	**8.96E−08**	8.66E−05	1.03E−04	7.06E−02	5.86E−02	8.57E+07	8.50E+07
GR	**0.00E+00**	**0.00E+00**	**0.00E+00**	**0.00E+00**	**0.00E+00**	**0.00E+00**	1.89E−02	3.91E−02	2.61E+01	2.98E+01
RA	**0.00E+00**	**0.00E+00**	**0.00E+00**	**0.00E+00**	**0.00E+00**	**0.00E+00**	2.55E+01	2.18E+01	1.88E+02	2.39E+01
NR	**0.00E+00**	**0.00E+00**	**0.00E+00**	**0.00E+00**	**0.00E+00**	**0.00E+00**	1.21E+01	1.09E+01	1.03E+02	5.33E+01
WE	**0.00E+00**	**0.00E+00**	**0.00E+00**	**0.00E+00**	9.44E−04	1.96E−03	9.04E−01	4.54E−01	2.74E+01	1.23E+00

4.4.5 与经典的不同算法的实验比较

为了进一步证明 SABC 算法的有效性以及相比于当前最先进的元启发式算法,其在求解连续优化问题上的优越性,本章将 SABC 算法与使用高维经典基准函数和 CEC 2005 中的 10 个复杂变换测试函数的 ABC 模型进行了比较。此外,我们还将 SABC 算法与其他最新的针对连续优化问题的智能优化算法进行了比较。

（1）与改进的 ABC 算法的比较

我们进一步将 SABC 算法与近年来新发表的最具代表性的蜂群连续优化算法进行了实验比对。表 4.8 主要将 SABC 算法与著名的 GABC 算法和 MABC 算法进行了比较,BABC 算法,HHSABC 算法和 NABC 算法,结果示于表 4.9。其中,Max.FE 表示最大评价次数,有关算法的结果直接摘自文献[72],文献中将 MABC 算法与 GABC 等算法进行了比较,结果说明 MABC 优于GABC 等算法,而本章所述的 SABC 算法整体优于这些算法。

另外,从表 4.8 中可以看出,SABC 算法与 GABC 和 MABC 算法相比,对于测试函数 SM、AC、GR 和 RA 的评价次数明显减少;从寻优精度角度来看,对表 4.8 中的这 4 个测试函数（SM、AC、GR 和 RA）,SABC 算法不仅能找到全局最优解 0,同时标准方差也为 0,精度远远高于其他改进算法。

在表 4.9 中,将 SABC 算法与近年来典型改进的 ABC（BABC、HHSABC和 NABC）算法进行了比较。从实验数据来看,15 个测试函数,SABC 有 11 个测试函数都达到了全局最好解或较好解,整体结果优于最新发表改进的蜂群优化算法,也进一步验证了本章算法良好的搜索性能。

对于多模态函数优化问题,SABC 算法达到了较好的搜索性能。以 GR 函数为例,MABC 算法和 SABC 算法都能收敛到全局最优值 0,而 SABC 算法全局搜索能力显著优于 GABC、BABC、HHSABC 和 NABC 算法。可以看出,GR 函数对于多数算法易陷入局部最优,在有限迭代次数内很难搜索到全局最小点,原因为 GR 函数各维之间显著相关,某一维位置的变化并不能提高蜂群搜寻的适应度值,只有当各维同时发生变化时才有可能提高蜂群寻食的适应度值,这使得基本的 ABC、GABC、BABC、HHSABC 和 NABC 算法不易跳出极小点。对于 SABC 算法在更新公式中,当前适应度值是蜂群各维共同作用的结果,保持了各维之间的相关性,从而能够较好地跳出局部极小点而寻觅到全局

表 4.8　SABC 算法与其他群算法进行比较（GABC，MABC）

S_y	D	GABC			MABC			SABC		
		Max. FE	Mean	SD	Max. FE	mean	SD	Max. FE	mean	SD
SM	30	4.00E+05	4.17E−16	7.36E−17	1.50E+05	9.43E−32	6.67E−32	**6.69E+03**	**0**	**0**
	60	4.00E+05	1.43E−15	1.37E−16	3.00E+05	6.03E−29	4.31E−29	**1.44E+04**	**0**	**0**
RO	30	4.00E+05	7.93E−01	1.36E+00	4.00E+05	1.73E−01	1.61E−01	4.00E+05	2.51E+00	3.52E+00
	60	4.00E+05	1.90E+00	1.97E+00	4.00E+05	3.32E−01	2.11E−01	4.00E+05	2.74E+01	2.74E+01
AC	30	4.00E+05	3.21E−14	3.25E−15	4.00E+05	2.98E−14	2.26E−15	**1.44E+04**	**0**	**0**
	60	4.00E+05	1.00E−13	6.08E−15	4.00E+05	6.73E−14	5.91E−15	**3.74E+04**	**0**	**0**
GR	30	4.00E+05	2.96E−17	4.99E−17	1.50E+05	0	0	**1.25E+04**	**0**	**0**
	60	4.00E+05	7.54E−16	4.12E−16	3.00E+05	0	0	**2.56E+04**	**0**	**0**
RA	30	4.00E+05	1.32E−14	2.44E−14	4.00E+05	0	0	**1.00E+04**	**0**	**0**
	60	4.00E+05	3.52E−13	1.24E−13	4.00E+05	0	0	**2.11E+04**	**0**	**0**
SC	30	4.00E+05	2.81E−01	9.12E−02	4.00E+05	2.56E−01	4.65E−02	4.00E+05	**9.01E−02**	3.71E−02
	60	4.00E+05	4.77E−01	8.04E−03	4.00E+05	4.68E−01	7.40E−03	4.00E+05	**2.77E−01**	9.18E−02
$w/t/l$		10/0/2			6/4/2			—		

表 4.9　与其他典型的蜂群优化算法的比较

S_y	D	BABC mean	BABC SD	HHSABC mean	HHSABC SD	NABC Mean	NABC SD	SABC mean	SABC SD
AC	30	1.26E−13	3.48E−14	2.07E−14	3.89E−15	3.97E−14	5.12E−15	0	0
GR	30	4.23E−11	2.16E−11	2.04E−16	4.39E−17	1.13E−16	3.39E−16	0	0
P_1	30	**2.85E−30**	**2.19E−30**	2.99E−17	1.13E−18	7.95E−16	2.32E−16	6.91E−16	7.75E−17
P_2	30	**3.88E−29**	**1.57E−29**	—	—	3.19E−16	3.26E−16	5.68E−16	9.21E−17
QN	30	3.20E−02	6.03E−03	1.98E−04	6.40E−05	1.56E−02	3.24E−02	**1.71E−05**	**1.03E−05**
RA	30	0	0	0	0	0	0	0	0
NR	30	0	0	—	—	0	0	0	0
RO	30	—	—	2.34E+00	4.71E+00	**4.50E−02**	**2.38E−02**	8.08E+00	7.86E+00
S_{12}	30	—	—	**9.44E−11**	**8.21E−11**	9.90E+03	1.67E+03	4.44E+03	1.74E+03
SM	30	1.57E−27	1.14E−27	4.36E−18	9.86E−19	4.75E−16	3.86E−16	0	0
ST	30	0	0	0	0	0	0	0	0
S_{21}	30	7.02E+00	9.94E−01	—	—	1.45E+01	4.32E+00	0	0
S_{22}	30	3.45E−15	8.79E−16	0	0	1.79E−15	2.53E−15	0	0
WE	30	2.84E−15	2.13E−15	—	—	0	0	0	0
ZA	3	4.90E−216	0	—	—	1.36E−18	1.51E−18	0	0
$w/t/l$		7/4/2		4/3/3		8/6/1		—	

表 4.10 与典型的蜂群优化算法在 12 个典型测试函数上的比较(PS-MEABC, MEABC, EABC, hABCDE)

S_y	D	PS-MEABC		MEABC		EABC		hABCDE		SABC	
		mean	SD	mean	SD	mean	SD	mean	SD	mean	SD
AC	30	3.78E−14	5.39E−15	2.48E−14	5.02E−15	1.28E−14	3.18E−15	5.33E−15	2.51E−15	0	0
GR	30	7.22E−16	2.64E−16	0	0	0	0	0	0	0	0
P_1	30	6.40E−16	1.82E−16	6.85E−12	2.71E−12	5.89E−10	2.97E−10	4.78E−09	7.16E−10	**2.02E−16**	**9.80E−18**
P_2	30	5.04E−16	1.01E−16	6.54E−12	7.76E−12	7.40E−10	9.73E−10	4.38E−09	3.44E−10	**2.25E−16**	**7.33E−17**
QN	30	7.78E−02	4.21E−03	6.36E−05	5.81E−05	2.04E−05	2.70E−05	5.96E−02	2.38E−03	**3.15E−06**	**1.47E−06**
RA	30	0	0	0	0	0	0	0	0	0	0
NR	30	0	0	0	0	0	0	0	0	0	0
RO	30	**6.22E−02**	**8.46E−02**	1.45E+01	3.12E+00	2.29E+01	3.29E+00	1.97E+01	2.64E−01	4.34E−01	5.38E−01
S_{12}	30	1.51E+03	7.76E+02	1.16E+04	1.83E+03	1.12E+04	**1.43E+03**	1.09E+03	9.23E+02	4.44E+03	1.74E+03
SM	30	5.15E−16	1.44E−16	2.26E−33	5.06E−33	5.70E−69	4.67E−69	1.27E−206	0.00E+00	0	0
S_{21}	30	5.47E+00	1.93E+00	1.07E+01	8.50E+01	9.61E−01	1.28E−01	1.31E−08	7.04E−10	0	0
S_{22}	30	1.08E−15	1.14E−16	3.83E−22	2.63E−23	1.00E−33	7.41E−34	1.05E−86	7.60E−87	0	0
w/t/l		6/4/2		9/3/0		8/4/0		7/4/1		—	

表 4.11　与典型的蜂群优化算法在 12 个典型测试函数上的比较(SAABC，I-ABC，I-ABC greedy)

S_y	D	SAABC		I-ABC		I-ABC greedy		SABC	
		mean	SD	mean	SD	Mean	SD	mean	SD
AC	30	4.55E−14	1.39E−14	3.91E−14	4.35E−15	3.43E−14	4.10E−15	0	0
GR	30	1.11E−16	1.11E−16	2.01E−14	3.50E−14	2.47E−03	4.27E−03	0	0
P_1	30	5.46E−16	6.62E−17	5.96E−16	1.07E−16	2.88E−16	4.46E−17	**2.02E−16**	**9.80E−18**
P_2	30	4.78E−16	8.43E−17	5.88E−16	1.24E−16	3.62E−16	1.17E−16	**2.25E−16**	**7.33E−17**
QN	30	2.01E−05	2.41E−05	6.30E−05	1.95E−05	1.92E−05	1.71E−05	**3.15E−06**	**1.47E−06**
RA	30	0	0	6.82E−14	2.54E−14	2.84E−14	4.02E−14	0	0
NR	30	5.26E−08	1.18E−07	0	0	0	0	0	0
RO	30	2.31E+01	2.00E+00	2.10E+01	2.47E+00	2.46E+01	1.77E+00	**4.34E−01**	**5.38E−01**
S_{12}	30	2.06E+04	3.94E+03	**2.12E+03**	**6.09E+02**	2.22E+03	1.29E+03	4.44E+03	1.74E+03
SM	30	4.92E−16	1.66E−17	6.30E−16	1.07E−16	3.83E−05	8.31E−05	0	0
S_{21}	30	4.06E+00	6.57E−01	5.38E+00	1.12E+00	1.55E−02	7.68E−03	0	0
S_{22}	30	1.28E−15	1.00E−16	1.44E−15	2.09E−16	8.73E−16	2.25E−16	0	0
$w/t/l$		9/3/0		8/3/1		8/3/1		—	

表4.12　与典型的蜂群优化算法在CEC2005测试集上的比较(PS-MEABC, MEABC, EABC, hABCDE)

S_y	D	PS-MEABC		MEABC		EABC		hABCDE		SABC	
		mean	SD	mean	SD	mean	SD	mean	SD	mean	SD
F_1	30	1.93E-05	5.17E-06	1.87E-07	2.79E-07	4.06E-06	6.19E-06	4.73E-04	1.10E-04	**2.24E-12**	**2.94E-12**
F_2	30	**5.80E-05**	**5.16E-05**	1.77E+04	3.14E+03	1.89E+04	2.41E+03	1.01E-02	4.24E-03	8.70E+03	3.62E+03
F_3	30	**1.87E+03**	**1.09E+03**	1.88E+07	1.96E+06	2.10E+07	7.28E+06	2.12E+06	7.37E+05	9.72E+06	2.22E+06
F_4	30	6.39E+06	1.07E+06	3.44E+04	4.84E+03	3.97E+04	3.13E+03	**1.21E+02**	**2.10E+02**	2.21E+04	3.33E+03
F_5	30	5.36E+03	2.33E+03	7.44E+03	1.52E+03	6.34E+03	1.34E+03	**1.65E+03**	**5.90E+02**	6.42E+03	1.49E+03
F_6	30	3.41E+03	4.42E+02	**3.95E+02**	**7.88E+00**	4.10E+02	1.62E+01	4.09E+02	4.84E+00	4.02E+02	1.01E+01
F_7	30	**1.25E-05**	**1.47E-05**	2.53E+03	0.00E+00	2.53E+03	3.22E-13	6.42E-04	4.97E-04	2.08E+03	3.11E+02
F_8	30	2.36E+02	1.09E+01	1.29E+02	4.67E-01	1.30E+02	7.39E-01	1.29E+02	1.21E+00	1.26E+02	1.89E+00
F_9	30	3.08E+02	1.91E-02	7.40E-07	3.80E-07	4.51E-06	2.53E-06	1.18E-04	9.10E-05	**3.48E-07**	**2.08E-07**
F_{10}	30	**3.14E-04**	**2.48E-04**	8.04E-04	8.24E-04	3.65E-04	3.18E-04	1.78E-03	2.44E-03	5.81E-03	6.55E-03
$w/t/l$		5/1/4		6/2/2		5/4/1		3/3/4		—	

表 4.13　与典型的蜂群优化算法在 CEC2005 测试集上的比较（SAABC，I-ABC，I-ABC greedy）

S_y	D	SAABC		I-ABC		I-ABC greedy		SABC	
		mean	SD	mean	SD	Mean	SD	mean	SD
F_1	30	8.83E−09	7.66E−09	1.34E−09	2.25E−09	1.67E−07	2.68E−07	**2.24E−12**	**2.94E−12**
F_2	30	4.34E+04	8.70E+02	5.20E+03	1.18E+03	**2.66E+03**	**1.55E+03**	8.70E+03	3.62E+03
F_3	30	3.32E+07	1.39E+07	1.22E+07	3.32E+06	**6.07E+06**	**3.19E+06**	9.72E+06	2.22E+06
F_4	30	4.72E+04	6.86E+03	4.18E+04	3.39E+03	3.12E+04	1.22E+03	**2.21E+04**	**3.33E+03**
F_5	30	1.43E+04	2.46E+01	8.98E+03	1.98E+03	**4.69E+03**	**7.26E+02**	6.42E+03	1.49E+03
F_6	30	4.09E+02	7.83E+00	4.37E+02	3.46E+01	7.33E+02	5.86E+02	**4.02E+02**	**1.01E+01**
F_7	30	2.53E+03	3.22E−13	2.53E+03	0.00E+00	2.53E+03	4.55E−13	**2.08E+03**	**3.11E+02**
F_8	30	**1.21E+02**	**2.20E+00**	1.27E+02	1.85E+00	1.29E+02	1.37E+00	1.26E+02	1.89E+00
F_9	30	4.06E−06	2.96E−06	2.67E−05	2.98E−05	**6.76E−10**	**8.35E−10**	3.48E−07	2.08E−07
F_{10}	30	4.03E+01	4.83E+01	2.23E+01	3.87E+01	**4.20E−05**	**3.41E−05**	5.81E−03	6.55E−03
$w/t/l$		8/1/1		8/1/1		5/0/5		—	

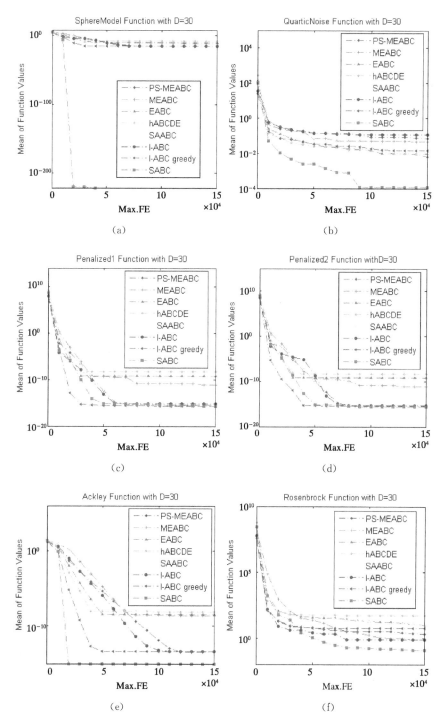

图 4.5 SABC 与其他典型的改进的 ABC 算法在 6 个测试函数上的收敛图（D＝30）

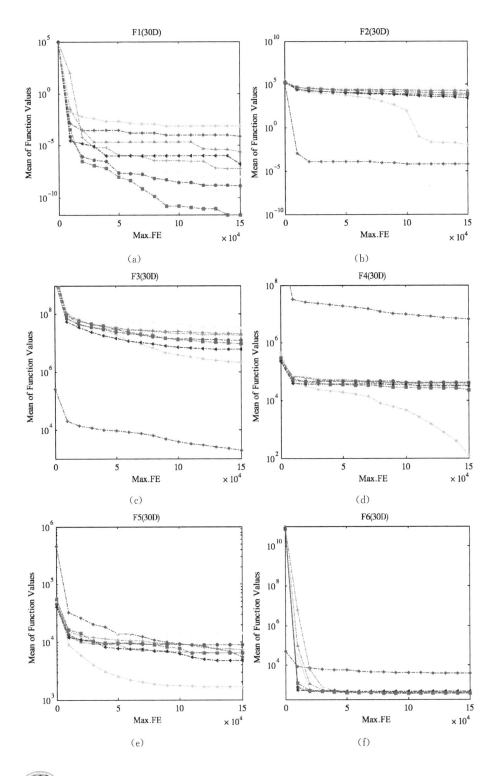

（a）

（b）

（c）

（d）

（e）

（f）

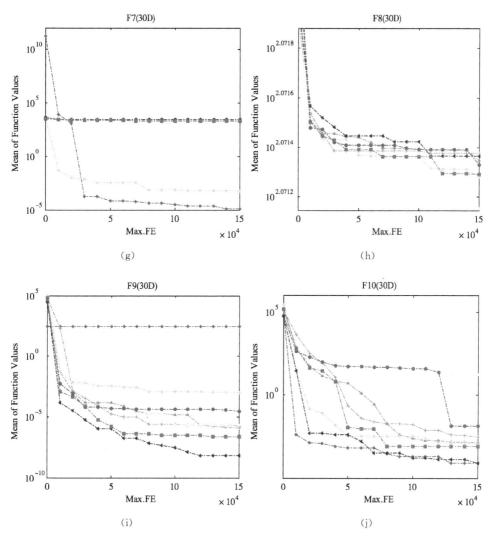

**图4.6　SABC 与其他典型的改进的 ABC 算法在 CEC2005 的
10 个测试函数上的收敛图($D=30$)**

最小值。但 SABC 算法比 MABC 算法更大的优势是评价次数明显减少,效果
令人非常满意。对于其他多模态函数,实验结果也都显示出 SABC 算法更具优
越的搜索性能。

同时,对近年来新提出的改进的人工蜂群算法进行了进一步的比较,下面给
出了用于比较的算法及其各自的参数。为了进一步验证 SABC 算法的有效性,本
章通过 12 个高维经典基准函数和 10 个复杂变换测试函数,将 SABC 算法与最近

提出的几种 ABC 算法进行了比较。所涉及的最新算法和参数设置如下：

（1）PS—MEABC：$NP=D$，$SN=D/2$，$limit=200$

（2）MEABC：$NP=100$，$SN=50$，$limit=100$，$C=1.5$

（3）EABC：$NP=100$，$SN=50$，$limit=200$，$A=1$，$\mu=0.3$，$\sigma=0.3$

（4）hABCDE：$NP=50$，$SN=25$，$limit=100$，$p_1=0.2$，$p_2=0$，$p_3=$ 0.15，$r_1[0.2,0.6]$，$r_2[0.2,0.25]$，$r_3=0.6$，$r_4=0.1$

（5）SAABC：$NP=50$，$SN=25$，$limit=D*SN$，$C_1=1.1$，$C_2=1.5$，$R=0.5$，$\varepsilon=0.5$，$\lambda=4$

（6）I‐ABC，I‐ABC greedy：$NP=40$，$SN=22$，$limit=200$，$MCN=5000$

（7）SABC：$NP=m=40$，$SN=18$，$limit=200$，$alf=0.1$

见表 4.10 至 4.13 及图 4.5，4.6。

（2）与其他智能优化算法的比较

本章还将 SABC 算法与近年来发表的其他智能优化算法,如 OEA，HPSO-TVAC，CLPSO，APSO，DE，SaDE，jDE，JADE，DMS‐PSO ，iSADE 和 AM-DEGL 进行了比较,实验结果如表 4.14～表 4.16 所示,表4.14 和 4.15 的实验数据直接摘自文献[72]。表 4.15 为 SABC 算法在与其他 DE 算法相同的最大评价次数(Max.FE)下所测结果。表 4.16 给出了 SABC 算法与 iSADE，DMS-PSO 和 AM-DEGL 算法在 30 维最大评价次数 Max.FE=15 000 时的 12 个测试函数结果的比较。从表 4.14,表 4.15 和表 4.16 中可以看出,SABC 算法与其他智能优化算法相比具有很好的搜索性能,求解精度优势明显。

从整体上来看,SABC 算法具有较好的综合搜索性能,在相同的测试情况下,比传统的 ABC 算法、近年来提出的改进算法以及其他智能优化算法搜索的结果更具优势,显示出 SABC 算法较好的性能。图 4.7 给出了 ABC 与 SABC 算法在 SM 和 AC 函数上关于不同维度下的收敛情况。图中所有曲线都能收敛到全局最优值 0,其中图 4.7(c)(e)中 SM 函数对应 $D=50$ 和 $D=100$ 维,平均精度值都分别达到 3.4585E−323 和 9.8813E−324,然后再收敛到全局最优值,求解精度非常好。

图 4.8 为 ABC 和 SABC 算法关于 6 个不同测试函数在维度为 30 的情况下的收敛曲线图,从图中可以看出,SABC 算法比 ABC 算法性能优越,求解精度更高,收敛速度更快,对于高维空间优化问题有很好的搜索性能。

表 4.14 SABC 与 OEA, HPSO-TVAC, CLPSO, APSO 算法的比较

S_y	D	OEA		HPSO-TVAC		CLPSO		APSO		SABC	
		mean	SD	mean	SD	mean	SD	mean	SD	mean	SD
SM	30	2.48E−30	1.13E−29	3.38E−41	8.50E−41	1.89E−19	1.49E−19	1.45E−150	5.73E−150	**0**	**0**
RO	100	**2.27E−01**	9.41E−01	1.30E+01	1.65E+01	1.10E+01	1.45E+01	2.84E+00	3.27E+00	1.90E+02	4.72E+01
AC	30	5.34E−14	2.95E−13	2.06E−10	9.45E−10	2.01E−12	9.22E−13	1.11E−14	3.55E−15	**0**	**0**
GR	30	1.32E−02	1.56E−02	1.07E−02	1.14E−02	6.45E−13	2.07E−12	1.67E−02	2.41E−02	**0**	**0**
RA	30	5.43E−17	1.68E−16	2.39E+00	3.71E+00	2.57E−11	6.64E−11	5.80E−15	1.01E−14	**0**	**0**
NR	30	—	—	1.83E+00	2.65E+00	1.67E−01	3.79E−01	4.14E−16	1.45E−15	**0**	**0**
S_{22}	30	2.07E−13	2.44E−02	6.90E−23	6.89E−23	1.01E−13	6.54E−14	5.15E−84	1.44E−83	**0**	**0**
S_{12}	30	1.88E−09	3.73E−09	2.89E−07	2.97E−07	3.97E+02	1.42E+02	**1.00E−10**	**2.13E−10**	4.44E+03	**1.74E+03**
ST	30	**0**	**0**	**0**	**0**	**0**	**0**	**0**	**0**	**0**	**0**
QN	30	3.30E−03	1.10E−03	5.54E−02	2.08E−02	3.92E−03	1.14E−03	4.66E−03	1.70E−03	**1.71E−05**	**1.03E−05**
P_1	30	9.21E−30	6.44E−31	7.07E−30	4.05E−30	1.59E−21	1.93E−21	3.76E−31	1.20E−30	6.91E−16	7.7519E−17
w/t/l		6/1/3		7/1/3		8/1/2		6/3/2		—	

表 4.15 SABC 与 DE, SaDE, jDE, JDE 算法的比较

S_y	D	Max.FE	SaDE		jDE		JADE		SABC	
			Mean	SD	mean	SD	Mean	SD	mean	SD
SM	30	$1.5*10^5$	4.50E−20	1.90E−14	2.50E−28	3.50E−28	1.80E−60	8.40E−60	0	0
RO	100	$2.0*10^6$	1.80E+01	6.70E+00	**8.00E−02**	**5.60E−01**	8.00E−02	5.60E−01	4.54E+01	3.51E+01
AC	30	$5.0*10^4$	2.70E−03	5.10E−04	3.50E−04	1.00E−04	8.20E−10	6.90E−10	0	0
GR	30	$5.0*10^4$	7.80E−04	1.20E−03	1.90E−05	5.80E−05	9.90E−08	6.00E−07	0	0
RA	30	$1.0*10^5$	1.20E−03	6.50E−04	1.50E−04	2.00E−04	1.00E−04	6.00E−05	0	0
S_{22}	30	$2.0*10^5$	1.90E−14	1.10E−14	1.50E−23	1.00E−23	1.80E−25	8.80E−25	0	0
S_{12}	30	$5.0*10^5$	9.00E−37	5.40E−36	5.20E−14	1.10E−13	5.70E−61	2.70E−60	0	0
S_{21}	30	$5.0*10^5$	7.40E−11	1.80E−10	1.40E−15	1.00E−15	8.20E−24	4.00E−23	0	0
ST	30	$1.0*10^4$	9.30E+02	1.80E+02	1.00E+03	2.20E+02	2.90E+00	1.20E+00	0	0
QN	30	$3.0*10^5$	4.80E−03	1.20E−03	3.30E−03	8.50E−04	6.40E−04	2.50E−04	**1.00E−05**	7.84E−06
P_1	30	$5.0*10^4$	1.90E−05	9.20E−06	1.60E−07	1.50E−07	**4.60E−17**	1.90E−16	6.09E−16	1.01E−16
P_2	30	$5.0*10^4$	6.10E−05	2.00E−05	1.50E−06	9.80E−07	**2.00E−16**	6.50E−16	6.85E−16	**8.91E−17**
w/l/l			11/0/1		12/0/0		9/2/2		—	

表 4.16 SABC 与 iSADE, DMS-PSO 和 AM-DEGL 算法的比较

S_y	D	iSADE		DMS-PSO		AM-DEGL		SABC	
		mean	SD	mean	SD	Mean	SD	mean	SD
AC	30	5.15E−15	1.59E−15	1.95E−13	7.72E−14	3.23E−12	5.08E−12	0	0
GR	30	0	0	0	0	5.77E−11	9.99E−11	0	0
P_1	30	**1.85E−32**	**1.41E−33**	1.13E−25	1.06E−25	1.62E−19	2.77E−19	2.02E−16	9.80E−18
P_2	30	**1.68E−31**	**4.69E−32**	7.68E−24	1.10E−23	3.29E−21	5.64E−21	2.25E−16	7.33E−17
QN	30	2.19E−01	1.21E−01	9.19E−03	2.22E−03	3.20E−03	1.64E−03	**3.15E−06**	**1.47E−06**
RA	30	1.77E+02	8.35E+00	2.10E+01	2.54E+00	1.32E+01	2.69E+00	0	0
NR	30	1.53E+02	6.30E+00	2.59E+01	2.28E+00	1.40E+01	1.12E+00	0	0
RO	30	2.61E+01	4.84E−01	2.37E+01	1.79E−01	8.10E+00	1.92E+00	**4.34E−01**	**5.38E−01**
S_{12}	30	6.64E−02	5.97E−02	1.46E+02	4.88E+01	**4.14E−10**	**7.14E−10**	4.44E+03	1.74E+03
SM	30	6.27E−45	7.37E−45	1.23E−24	1.39E−24	8.14E−25	6.73E−25	0	0
S_{21}	30	6.92E+00	6.73E+00	9.40E−03	2.32E−03	5.80E−03	8.22E−03	0	0
S_{22}	30	9.81E−24	2.46E−24	1.18E−15	5.57E−16	2.50E−11	1.03E−11	0	0
$w/t/l$		7/2/3		8/1/3		9/3/0		—	

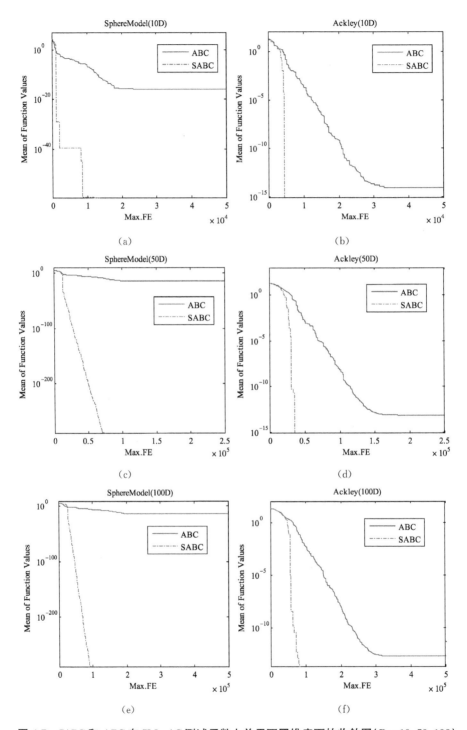

图 4.7 SABC 和 ABC 在 SM，AC 测试函数上关于不同维度下的收敛图($D=10,50,100$)

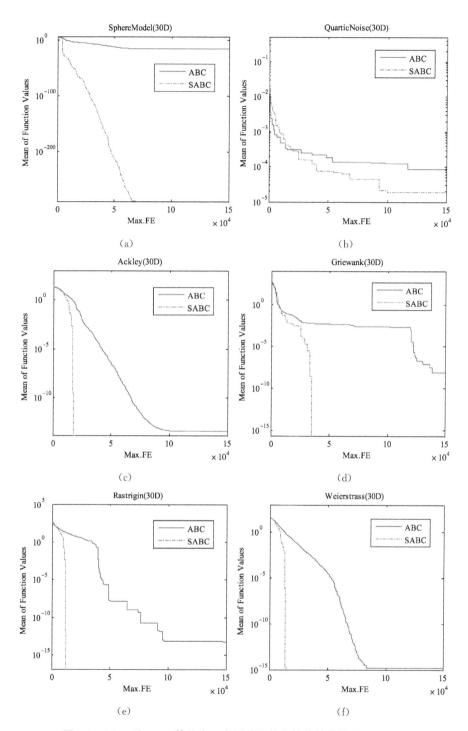

图 4.8 SABC 和 ABC 算法在 6 个测试函数上的收敛曲线图($D = 30$)

SABC 算法由于采用邻域搜索的预测和选择机制使得求解精度进一步提高,当算法早熟时由侦察蜂全局搜索机制可以有效跳出全局最优,在一个相对较短的时间内找到正确的搜索方向。当然,SABC 算法预测和选择机制的采用,不可避免地会增加算法的评价次数,但从实验结果看来,算法反而能有效地避免早熟收敛,求解精度相对较高,同时达到理想的求解精度所需要的评价次数反而有所降低,体现出 SABC 算法优越的性能。从实验结果来看,SABC 算法对于绝大多数函数的求解表现出较好的全局收敛性和鲁棒性,在保证较好的求解精度下能快速收敛,避免了算法的早熟。

另外,对于复杂单模态的高维 RO 函数问题,其内部是一个长的、狭窄的、抛物线形平坦山谷地带,变量相互依赖,梯度通常不指向最优,很难收敛到全局最佳。目前已有的算法迭代后期基本停止进化,SABC 算法也不例外,原因为算法仅提供了很少的信息,不能有效地辨识搜索方向。这也是本书下一步工作继续努力的方向。

4.4.6 计算时间复杂度分析

在仿生智能优化算法的计算过程中,主要的计算任务集中在目标函数的评价阶段。假定 $O(f)$ 表示求解目标函数值的计算时间复杂度,其中 f 表示特定的问题。目标函数的评价次数决定了优化的复杂性。两者具有相同的计算时间复杂度。如果它们被设置为相同的最大计算次数(Max.FE),那么它们也具有相同的复杂性 $O(\text{Max.FE} * f)$。因此,在相同复杂度的情况下,本章提出的算法与其他改进的 ABC 算法的实验比较结果是公平的。

采用 2005 年 Suganthan 等人提出的对算法的复杂性进行定量评价的方法。表 4.17 计算了 ABC 算法和 SABC 算法在不同搜索空间中的计算复杂性。在表 4.17 中,T_0 是参考的指定测试程序的计算时间,T_1 是函数 3 在给定维数 D 的情况下 200 000 次的计算时间,T_2 是该算法 5 次运行的平均计算时间,该算法对相同 D 维基准函数 3 的计算量为 20 万次。C 是算法复杂度,其中 $C = (T_2 - T_1)/T_0$。有关这些参数的详细资料见参考文献[149]。算法复杂度以 10 维、30 维和 50 维为基础计算,以显示算法复杂度与维数的关系。如表 4.17 所示,SABC 算法的计算复杂度没有增加。对于维数 $D = 50$ 的情况下,SABC 算法的计算复杂度优于 ABC 算法,测试结果再次证明 SABC 算法具有较强的高维收敛速度和全局搜索性能。

表 4.17 ABC 和 SABC 的计算复杂度

D	T_0	ABC			SABC		
		T_1	T_2	C	T_1	T_2	C
10		39.94	40.43	0.09	20.56	20.68	**0.01**
30	5.27	48.58	48.63	**0.01**	28.11	28.24	0.02
50		61.25	62.12	0.17	39.39	39.52	**0.02**

4.5 本章小结

对蜂群算法的研究表明,蜂群的寻食过程是一个群体分工协作觅食的过程,它先由侦察蜂四处侦察,再通过摇摆舞通知引领蜂和跟随蜂寻食。本章提出了一种模拟侦察蜂全局侦察食物过程的改进的人工蜂群算法。尽管这种模拟可能还存在不够确切或有待改进的地方,但实验结果表明,该算法不仅对于单模函数的求解能够避免早熟收敛,搜索精度显著提高,而且对于多模函数的优化则能够避免陷入局部最优,提高寻优率,效果十分显著。与当前的多种先进算法相比,其收敛速度提高了数倍至数百倍以上,对某些优化问题甚至达到了上千倍,寻优精度也有大幅提高,且对高维空间问题的优化具有一定的优势,效果显著。该算法不仅吸收了粒子群优化算法和混沌优化算法的一些思想来模拟全局侦察搜索的过程,而且还体现出了更加优异的搜索性能,除了各方面性能远远高于这些算法外,还有一些其他的特性,诸如对某些优化问题,优化过程会产生突发性收敛等。如何优化参数的理论问题等还有待进一步的研究。这就和其他新算法的提出一样,其完善和发展特别是相关理论的研究需要一个漫长的过程,但我们相信,本章提出的 SABC 算法为连续空间的优化提出了一种高速收敛、高精度寻优的新方法,它将会得到推广和应用。

第五章

基于二阶振荡扰动的人工蜂群算法

随着算法策略研究的不断深入,许多学者都在致力于算法研究领域的新突破。然而很难有一种算法对于求解的优化问题既能达到最好的求解精度,又能实现最快的收敛速度。换言之,同时达到最好的全局搜索能力与最优的局部求解精度是一对永恒的矛盾。所以,仿生智能优化算法如何提高算法全局勘探和局部开采的能力,平衡好两者之间的矛盾是本章改进人工蜂群算法致力于解决的问题。两者之间的矛盾也会导致人工蜂群算法在求解高维函数优化问题时存在早熟收敛,求解精度不高等缺陷。为了解决上述问题,本章在雇佣蜂群觅食过程中,引入二阶振荡扰动策略,提出了一种基于异步变化学习因子的二阶振荡扰动机制的人工蜂群算法,从而抑制过快早熟,增强局部搜索能力,平衡全局勘探和局部开采的性能。该算法在搜索过程中利用迭代初期加强全局探测,增加空间搜索的多样性;后期搜索更具局部开采性能,从而加强求解精度。针对典型测试函数的实验结果表明,该改进算法能有效避免早熟收敛,且寻优精度和寻优率显著提高。

5.1 引言

近年来,随着仿生学的快速发展,人工蜂群算法(ABC)作为一种新颖的、高效灵活的智能优化算法脱颖而出。在工程、经济和管理等诸多领域有着广泛的应用。2005 年,Karaboga 等人首次提出一种模拟蜜蜂采蜜行为进行随机搜索的人工蜂群算法。该算法利用蜂群的角色分工和协作机制,使得算法更加灵活,全局寻优能力增强。ABC 算法与粒子群(Particle Swarm Optimization, PSO)等智能优化算法相比,展现出其控制参数少,性能优越的特性。研究表明,ABC 算法性能优异,易与其他技术相结合以改进原算法的性能,解决连续优化问题,具有广泛的适用性。目前,该算法不仅在离散优化领域中得到了较广泛的应用,而且能成功地应用到各类问题中,并取得了良好的优化效果。

现实世界中日益复杂的优化问题大多数都可归结为函数优化问题。函数优化问题对算法的求解性能要求很高。但是，与其他优化算法一样，传统 ABC 算法在处理约束优化、复合的和一些不可分离的函数优化问题时，存在着早熟收敛，后期收敛速度变慢易陷入局部最优解的缺点。这是因为 ABC 算法的搜索策略具有全局搜索能力强，而存在局部寻优性能相对不足的问题。为了进一步改进 ABC 算法求解连续空间函数优化问题的性能，目前，主要有两类研究策略：第一类是结合 ABC 算法易与其他技术杂交混合的特性，主要有 IABC (Improved ABC)、RABC (Rosenbrock ABC)、HHSABC (Hybrid Harmony Search with ABC)、HABC (Hooke-Jeeves ABC)、PABC (Powell ABC)、hABCDE (hybrid ABC and DE)等混合策略。其中，HHSABC 混合算法是 Wu 等人近年来提出的结合和声搜索和蜂群算法，来达到较好的全局搜索性能。HABC 和 PABC 算法则分别利用 Hooke-Jeeves 模式搜索和 Powell 直接搜索方法与 ABC 算法的融合加强求解精度。hABCDE 算法为 Xiang 等学者提出的基于改进的 ABC 和基于种群灾难机制的 DE 算法的杂交混合，以解决函数优化问题，取得了一定的效果。以上这类方法通过与其他智能技术的杂交混合达到了一定的搜索性能，但往往也增加了算法计算的时间复杂度。第二类是对传统 ABC 算法随机搜索机制的改进，其中，最具代表性的改进策略是 Zhu 和 Kwong 两位学者提出的 GABC (Gbest-guided ABC)算法，该算法受 PSO 算法搜索方程的启发，提出利用全局最好解指导搜索，从而达到更好的搜索效果。随后，这种策略被一些学者加以改进，产生了诸如在进化过程中共享最优解，并将适应度值调整为基于目标函数值来提高搜索精度的 Best-so-far ABC 算法，混合三种搜索策略改进雇佣蜂和跟随蜂的预测和选择机制的 PS-ABC (Prediction and Selection ABC)算法，以及构建候选解池存储当前蜂群较好解的 NABC (New ABC)算法。另外，受 PSO 启发的 PS-MEABC 算法 (Particle Swarm inspired Multi-Elitist ABC algorithm)利用多精英保留策略有效改进了食物源的位置。Wang 等将多策略搜索机制嵌入到 ABC 算法中，提出 MEABC 算法 (Multi-strategy Ensemble ABC algorithm)，利用不同的搜索策略有效地平衡全局搜索与局部寻优的矛盾。文献[86]提出在雇佣蜂与跟随蜂搜索阶段分别采用利用两种新的搜索方程的 EABC 算法，以产生新的候选解，从而提高 ABC 算法的性能。Bansal 等人提出一种自适应的 SAABC 算法 (Self-Adaptive ABC algorithm)。Sharma 和 Pant 提出 Intermediate ABC (I-ABC) and I-ABC greedy 算法,利用反向学习机制产生一定的候选解,从而达到更好的求解效果。这类算法在遵循传统 ABC 算法生物机理的基础上,利用搜索机制的局部改进从而达到更优的寻优能力。但这类算法在解决高维空间函数优化问题时,容易早熟收敛,导致算法在迭代后期全局搜索性能不足,高维空间的优化问题还有待进一步研究。

为了进一步改进算法的全局搜索性能,有效避免算法在求解复杂高维函数优化问题时的早熟收敛及搜索性能不足的问题,本章算法基于 GABC 算法的寻优性能的思想,引入二阶振荡机制优化算法性能,提出一种基于二阶振荡的人工蜂群算法(Second-order Oscillation of Artificial Bee Colony,SOABC),实现在算法前期遏制过快收敛,加强邻域搜索振荡,并在迭代后期加速收敛,有助于提高搜索精度与效率。

此外,利用异步变化学习因子指导二阶振荡机制达到平衡优化算法中寻优速度与求解精度的矛盾。本章的二阶振荡机制是在蜂群速度更新过程中引入一个振荡环节,从而实现了一种基于异步变化学习因子指导二阶振荡的人工蜂群算法(Asynchronous Learning factor guiding Second-order Oscillation of Artificial Bee Colony,ALSOABC)。该算法利用异步变化学习因子的二阶振荡,在雇佣蜂群觅食搜索初期,增加空间搜索的多样性,避免搜索过程陷入局部最优,扩大全局搜索范围;迭代后期能加强搜索,提高求解精度,逐步收敛到最优解。该算法简单,能有效地避免早熟,具有精度高,且适于高维等特点。本章选用 42 个标准测试函数,计算机仿真实验结果表明,本章算法能有效遏制过快早熟,同时寻优率和搜索精度相比于传统的 ABC 与改进的 GABC 的性能显著提高,效果令人满意。

本章第 5.2 节介绍了二阶振荡扰动的人工蜂群算法;第 5.3 节介绍了基于二阶振荡扰动策略的人工蜂群算法的数值仿真实验,用典型的测试函数对本章算法进行了验证,并对结果进行了比较分析;第 5.4 节介绍了二阶振荡扰动策略人工蜂群算法的点云配准优化;第 5.5 节为本章小结。

5.2 基于二阶振荡扰动的人工蜂群算法

5.2.1 搜索机制

传统的 ABC 算法的搜索机制主要表现为随机搜索,其全局寻优能力强。但由于其指导能力不足,使得早熟收敛易陷入局部最优。GABC 算法受 PSO

的启发,提出改进的搜索方程,如式 5.1 所示。

$$v_{i,j} = x_{i,j} + \phi_{i,j}(x_{i,j} - x_{k,j}) + \psi_{i,j}(y_j - x_{k,j}) \tag{5.1}$$

其搜索策略取决于当前位置(对应式 5.1 等号右边的第一项)、随机邻域搜索(第二项)以及全局最优位置指导搜索(第三项)。式 5.1 中搜索策略的第二项为随机选择一只蜜蜂位置进行逼近,第三项则为按全局最优位置指导搜索,该两项易存在同时异向搜索,使得算法扰动异常,缺乏指导,不利于群体进化。在求解复杂函数优化问题中表现出迭代后期搜索能力不足,早熟收敛的缺陷。对于一种进化算法,其搜索策略直接影响着全局搜索能力的优劣,为此,本章借鉴二阶振荡微粒群的搜索策略在 GABC 算法的思想上改进人工蜂群算法的搜索能力。充分利用 ABC 算法易与其他技术相结合的优势,增强搜索能力。改进的搜索策略如式(5.2)、式(5.3)所示。如公式(5.2)所示,在个体位置认知(第二项)和群体位置认知(第三项)中引入振荡环节,可以扩大种群的搜索范围,这一范围的变化和当前所处位置和位置的变化都有关系,从而增加位置变化的可能性,这样做可进一步提高群体的多样性,从而改善算法的全局收敛性。

$$v_i(t+1) = w\,v_i(t) + \varphi_1\big[p_i - (1+\xi_1)\,x_i(t) - \xi_1\,x_i(t-1)\big] +$$
$$\varphi_2\big[p_g - (1+\xi_2)\,x_i(t) - \xi_2\,x_i(t-1)\big] \tag{5.2}$$
$$x_i(t+1) = x_i(t) + v_i(t+1) \tag{5.3}$$

其中,$w = 0.9 - (FEs/Max.FE) \cdot 0.5$ 为线性权重,其值的变化范围从 0.9 线性递减为 0.4 以平衡雇佣蜂搜索策略的全局探测能力与局部搜索性能,我们在这里采用评价次数(FEs)达到最大函数评估(Max.FE)的数目作为终止标准。迭代初期 $\xi_1 < \dfrac{2\sqrt{\varphi_1} - 1}{\varphi_1}$,$\xi_2 < \dfrac{2\sqrt{\varphi_2} - 1}{\varphi_2}$,加强算法的全局搜寻力度;迭代后期 $\xi_1 \geqslant \dfrac{2\sqrt{\varphi_1} - 1}{\varphi_1}$,$\xi_2 \geqslant \dfrac{2\sqrt{\varphi_2} - 1}{\varphi_2}$,增加算法的局部精细寻优性能。仿真实验取前二分之一迭代步数为算法前期。这一振荡机制的选择更有利于指导蜂群搜索过程中的局部邻域搜索与全局最优逼近,另外,$\varphi_1 = c_1 r_1$,$\varphi_2 = c_2 r_2$,r_1 和 r_2 为取值(0,1)之间的随机数。c_1 和 c_2 为固定取值的学习因子。二阶振荡人工蜂群算法(SOABC)可以有效地提高算法的全局最优性,并能更好地抑制过快早熟。

5.2.2　异步变化学习因子

为了避免二阶振荡对算法搜索蜜源性能的过度消耗,有效提高算法搜索策略的学习能力,本章进一步将权重 w、学习因子 c_1 和 c_2 的传统固定取值改进为异步变化的设定。学习因子 c_1 与 c_2 决定了雇佣蜂本身经验信息和其他蜂群经验信息对搜索位置、运行轨迹的影响,反映出种群之间的信息交流。如果 c_1 为 0,则搜索策略中的个体丧失认知能力,必须依靠群体的整体趋向能力进行搜索,一旦面临复杂的求解问题,则表现为早熟收敛。如果 c_2 为 0,种群中的个体信息分享能力不足,表现为传统 ABC 算法策略的随机搜索,其搜索到全局最优的性能下降。所以,为了更为有效地控制学习因子的取值范围,进一步利用异步变化学习因子来更好地平衡二阶振荡机制的搜索效率。

$$w = \mu + \eta \cdot rand(0, 1) \tag{5.4}$$

$$\mu = \mu_{\min} + (\mu_{\max} - \mu_{\min}) \cdot rand(0, 1) \tag{5.5}$$

$$c_1 = c_{1\min} + (c_{1\max} - c_{1\min}) iter / \text{maxCycle} \tag{5.6}$$

$$c_2 = c_{2\min} + (c_{2\max} - c_{2\min}) iter / \text{maxCycle} \tag{5.7}$$

改进的惯性权重如公式(5.4)和公式(5.5)所示,是服从随机分布的随机数,从而克服 w 采用线性递减所带来的不足,若在迭代初期搜索接近最优值,则随机 w 可能产生相对小的 w 值,可以加快算法的收敛速度;如果在算法初期找不到最好点,则 w 的线性递减使得算法最终收敛不到此最好点,而 w 的随机生成可克服这种局限。

新的搜索策略主要改进了雇佣蜂的搜索机制,能够具有较好的全局收敛性,搜索策略中不仅利用了上一代的个体信息,而且利用随机数 ξ 的取值来调节全局搜索能力和局部开采能力,使得算法在前期有较强的全局搜索能力,不易陷入局部最优,在找到较好的蜜源后,算法后期加强精细搜索,从而加快收敛速度。同时,在算法前期和后期,ξ 在其相应的取值范围内,可以动态取值,如线性增加或在一定范围内随机产生,动态地调整搜索力度,大大提高了搜索的多样性,由此,增强算法的全局最优性。

此外,跟随蜂搜索机制仍采用传统 ABC 算法的随机搜索机制,有利于加强全局随机搜索能力。引入了异步变化学习因子的二阶振荡进化方程的 ALSOABC 算法,提高了人工蜂群搜索的多样性,进一步改善算法性能,使得算法初期有较强的全局搜索能力,振荡收敛;而在后期加强局部搜索,渐近收敛,如图 5.1~5.2 所示。图中给出了算法 ALSOABC 在异步学习因子二级振荡机制的作用下,其蜂群搜索的状态图,以函数 WE 和 AC 为例,从图中可以看出,搜索前期其表现为全局探测搜索,搜索后期则为精度搜索。在前期的评价中,二阶震荡机制可以扩大搜索范围,在进化的后期,更有利于局部寻优,提高搜索精度。

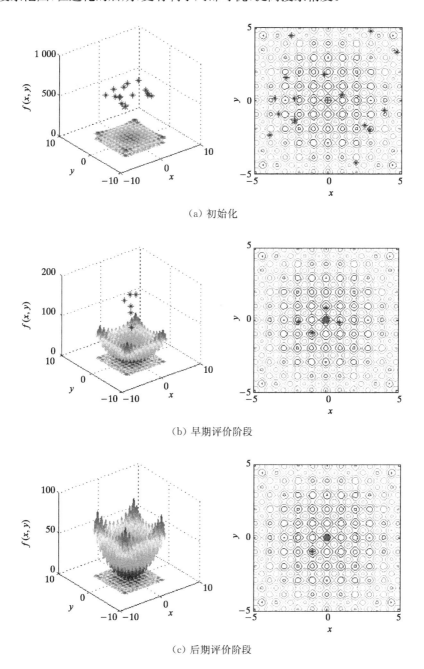

(a) 初始化

(b) 早期评价阶段

(c) 后期评价阶段

图 5.1 ALSOABC 算法关于 WE 函数的搜索状态示意图

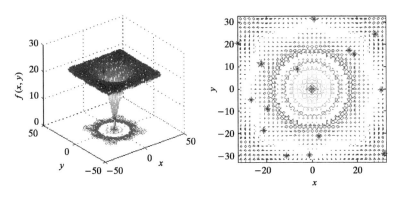

（a）初始化

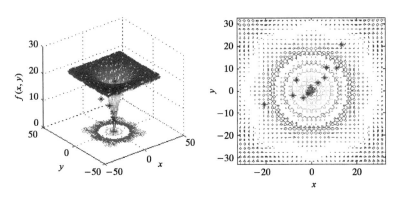

（b）早期评价阶段

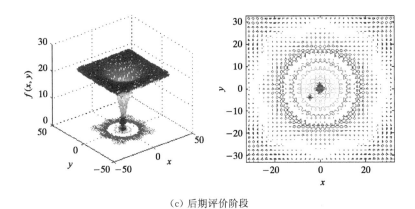

（c）后期评价阶段

图 5.2　ALSOABC 算法关于 AC 函数的搜索状态示意图

5.2.3 基于目标函数值的选择寻优

基本的 ABC 算法中优劣食物源的选择是基于适应度值来评价其收益度的高低,如式(5.8)所示,如果新搜索的食物源的适应度值高于搜索前的食物源,则进行取代。然而从式(5.8)中可以看出对于函数优化问题其目标函数值无限接近 0 时,对应的适应度值也无限接近 1,当目标函数值小于一定数量级的时候,很难区分适应度值的大小,为了解决这一问题,ALSOABC 算法受文献[82]启发,直接采用目标函数值来代替适应度值。

$$fit_i = \begin{cases} \dfrac{1}{1+f_i}, & f_i \geqslant 0 \\ 1+|f_i|, & f_i < 0 \end{cases} \tag{5.8}$$

SOABC 和 ALSOABC 算法的伪代码如算法 5-1 所示。

算法 5-1: SOABC 和 ALSOABC 算法的伪代码

Begin

  1. Initialization

     1.1 Preset population size SN, and other parameters, i.e., $Max.FE$, $limit$, c_1, c_2;

     1.2 Randomly generate SN solutions as an initial population $\{X_i | i=1, 2, \cdots, SN\}$;

     1.3 Calculate the function value $f(X_i)$ directly for ALSOABC and fitness value for SOABC;

     1.4 Set $\{trial_i = 0 | i=1, 2, \cdots, SN\}$, $FEs = SN$, $\varphi_1 = c_1 \cdot rand(0, 1)$, $\varphi_2 = c_2 \cdot rand(0, 1)$;

While $(FEs \leqslant Max.FE)$

  2. The employed bees phase

    For $i=1$ to SN

      SOABC

        Set $w = 0.9 - (FEs/Max.FE) \cdot 0.5$;

      ALSOABC

        Set $\mu = \mu_{min} + (\mu_{max} - \mu_{min}) \cdot rand(0, 1)$, $w = \mu + \eta \cdot N(0, 1)$, $c_1 = c_{1min} + (c_{1max} - c_{1min}) \cdot FEs/Max.FE$ and $c_2 = c_{2min} + (c_{2max} - c_{2min}) \cdot FEs/Max.FE$;

$\varphi_1 = c_1 \cdot rand(0,1)$, $\varphi_2 = c_2 \cdot rand(0,1)$;

If $FEs <$ Max.$FE/2$ **then**

Set $\xi_1 = 2 \cdot sqrt(\varphi_1) \cdot rand(0,1)/\varphi_1$, $\xi_2 = 2 \cdot sqrt(\varphi_2) \cdot rand(0,1)/\varphi_2$;

Else

Set $\xi_1 = 2 \cdot sqrt(\varphi_1) \cdot [1+rand(0,1)]/\varphi_1$, $\xi_2 = 2 \cdot sqrt(\varphi_2) \cdot [1+rand(0,1)]/\varphi_2$;

End

2.1　Generate the candidate solutions according to Eq.(5.2);

2.2　Evaluate the new solutions and apply greedy selection;

2.3　$FEs = FEs+1$;

End

3. The onlooker bees phase

3.1　Calculate the probability according to Eq.(2.10);

3.2　Generate the candidate solutions according to Eq.(2.9);

3.3　Evaluate the new solutions and apply greedy selection;

3.4　$FEs = FEs +1$;

4. The scout bees phase

If $\max(triali) >$ limit **then**

4.1　Replace X_i with a new randomly generate solution by a scout according to Eq.(2.8);

End

5. Memorize the best solution found so far;

End while

End

5.3　数值仿真实验结果与分析

这一节中进行了大量的实验比较。实验设备为一般笔记本电脑,CPU 为 Intel(R) Core(TM) 2 Duo CPU T6500 2.10GHz,4G 内存,操作系统为 Windows 7,实验仿真软件是 Matlab7.0。同时,基于 Wilcoxon singed-rank 检验。其中,"t"表示比较算法与所提算法的平均误差在 0.05 水平下的检验是不显著的;"w"和"l"表示标准比较算法与所提算法的平均误差在 0.05 水平下的检验是显著的,"w"表示比较算法求解质量比所提算法差,而"l"则代表求解精度比所提算法好。表中最好的实验结果为加粗显示。

5.3.1　基准测试函数

为了测试本章所提方法的性能,选用了表 3.1 中 13 个典型的基准测试函数。这些函数表现为不同的特征:如单模与多模函数,规则与不规则函数,分离与不可分离等。这些测试问题都是最小值寻优(AC,GR,P_1,P_2,QN,RA,NR,RO,S_{12},SM,S_{21} S_{22},WE)。从表 3.1 中选择的这 13 个常用的典型高维测试函数,所有函数的理论最优值都为 0。对于复杂单模态的高维 Rosenbrock 香蕉型函数问题,其内部是一个长而狭窄,形如抛物线的平坦山谷地带,变量间相互关联,很难收敛于全局最优。目前已有的算法迭代后期基本停止进化,求解精度不高。

5.3.2　参数设置

仿真实验中,对四种 ABC 算法的蜂群规模数 NP,其规模为雇佣蜂与跟随蜂数量的总和。雇佣蜂和跟随蜂的数量各为种群规模的一半。食物源 SN 的数量等于两种蜂群的数量($SN=NP/2$)。为了便于对四种蜂群优化算法的比较,程序都在相同的实验环境下测得。四种算法的蜂群规模数 NP 和早熟系数 $limit$ 都设置相同,如表 5.1 所示。其中,GABC 算法中的参数 C 选择为 2。为了比较的公平性,算法在固定最大评价次数 Max.FE $=5\,000*D$ 次或者求解精度满足条件 $|f_{\text{mim}}-f_{\text{opt}}|<\varepsilon(\varepsilon=10^{-8})$ 下分别进行了测试,代替传统的 ABC 算法利用最大迭代次数(MCN)。其中,f_{min} 表示函数理论最小值,f_{opt} 表示采用算法优化结果。表 5.1 中的 m 表示种群的大小,本章对高维函数在维数分别为30、50 和 100 情况下进行了测试。每次实验都根据随机种子进行初始化种群分布,独立执行了 30 次。

表 5.1　四种算法的参数设置

ABC	GABC	SOABC	ALSOABC
$m=30$	$m=30$	$m=30$	$m=30$
$Limit=200$	$Limit=200$	$Limit=200$	$Limit=200$
	$C=2$	$c_1=0.9$ $c_2=0.4$	$c_{1\max}=c_{2\max}=0.5$ $c_{1\min}=c_{2\min}=2.5$

5.3.3 所提算法与其他算法的实验比较

将所提算法 SOABC 和 ALSOABC 与其他 ABC 算法进行了比对,包括传统的 ABC、GABC 算法,最先进的改进的 ABC 算法以及其他智能优化算法。当前的实验包括 3 个部分:

① SOABC 和 ALSOABC 与 ABC 和 GABC 的对比实验;

② SOABC 和 ALSOABC 与最先进的改进的 ABC 算法的对比;

③ 本章所提算法与其他智能优化算法的对比。

(1) 与 ABC 和 GABC 算法的对比实验

首先,对本章算法利用测试集 1 中选用的 13 个测试函数与 ABC 和 GABC 算法进行比对。表 5.2 给出了四种算法 30 次独立实验的测试结果,$Max.FEs = 5\,000 * D = 150\,000$,其中列出了平均值 mean,标准偏差 SD。每一个测试问题的最好寻优结果为表格中加粗显示。

表 5.2　四种算法在 13 个函数上的测试结果

Sy	ABC		GABC		SOABC		ALSOABC	
	mean	SD	mean	SD	mean	SD	mean	SD
AC	4.47E−14	5.43E−15	3.05E−14	2.05E−15	**8.88E−16**	**0**	**8.88E−16**	**0**
GR	7.28E−12	1.26E−11	2.59E−16	2.56E−16	**0**	**0**	**0**	**0**
P_1	4.76E−16	6.68E−17	4.20E−16	9.31E−17	9.43E−16	7.89E−17	**1.04E−30**	**1.69E−30**
P_2	6.34E−16	1.20E−16	4.31E−16	1.16E−16	6.53E−16	1.75E−16	**5.36E−18**	**9.29E−18**
QN	1.19E−01	2.35E−02	5.81E−02	1.04E−02	8.37E−05	7.53E−05	**6.63E−05**	**2.95E−05**
RA	1.78E−14	5.92E−15	**0**	**0**	**0**	**0**	**0**	**0**
NR	**0**	**0**	**0**	**0**	**0**	**0**	**0**	**0**
RO	**1.46E−01**	**9.17E−02**	2.68E+01	4.64E+01	2.22E+01	2.18E+00	2.40E+01	5.60E−01
S_{12}	2.67E+03	1.63E+03	2.16E+03	4.31E+02	3.13E−23	2.79E−23	**0**	**0**
SM	5.64E−16	6.67E−17	3.69E−16	7.23E−17	3.77E−24	6.69E−25	**0**	**0**
S_{21}	6.82E+00	1.40E+00	1.75E+00	3.13E−01	8.95E−21	4.35E−21	**0**	**0**
S_{22}	1.32E−15	9.03E−17	1.02E−15	1.40E−16	1.68E−19	1.36E−19	**0**	**0**
WE	**0**	**0**	**0**	**0**	**0**	**0**	**0**	**0**
$w/t/l$	10/2/1		10/3/0		6/6/1		—	

从表 5.2 中的均值和标准偏差可以看出,SOABC 有 8 个测试函数的结果好于 ABC 算法,仅有 1 个测试函数(RO)比 ABC 算法差。在 8 个测试函数

(AC，GR，QN，RO，S_{12}，SM，S_{21}，S_{22})中，SOABC 比 GABC 算法优越。另一方面，我们可以看出 ALSOABC 在 10 个测试问题上都比 ABC 算法性能好。仅 RO 函数的测试结果不及 ABC 算法，ALSOABC 算法在 9 个测试问题上比 GABC 算法好。SOABC 和 ALSOABC 相比，ALSOABC 有 7 个测试问题(P_1，P_2，QN，S_{12}，SM，S_{21} 和 S_{22})好于 SOABC，5 个测试问题(GR，RA，NR，ST 和 WE)的搜索结果达到了全局最优。

从表 5.2 中进一步可以看出，在评价 150 000 次的测试环境下，前三种算法易陷入局部最优，出现搜索停滞的现象。表现为搜索精度不高。总体来看，除了 RO，NR，ST 和 WE 函数的 ALSOABC 算法与其他算法搜索性能相当外，其他函数的优化效果具有明显优势，搜索精度优于其他 ABC 算法。这主要是因为基于异步学习因子的二阶振荡搜索机制在前期具有较强的振荡搜索能力，扩大全局搜索范围，能有效地规避局部最优点；而迭代后期能加强精度搜索，有利于局部开采能力的提高。总体来看，基于二阶振荡的 ALSOABC 算法的性能比其他 ABC 算法优越。

四种算法(ABC，GABC，SOABC 和 ALSOABC)在达到理想的求解精度 10^{-8} 时的评价值 FEs 见表 5.3。根据达到理想的求解精度的平均评价次数对比可以看出，SOABC 和 ALSOABC 对于 12 个函数的测试问题的平均评价次数为 56 698 和 10 726，而 ABC 和 GABC 的平均评价次数分别为 59 207 和 47 509。由此可以看出，ALSOABC 的平均评价次数最少。表中，150 000 表示算法未达到理想误差精度的最大评价次数。

表 5.3 四种算法对不同函数测试的平均目标评价值(10^{-8})

Sy	D	ABC	GABC	SOABC	ALSOABC
AC	30	44 816	27 856	89 116	3 417
GR	30	33 306	34 772	41 382	2 296
P_1	30	23 476	14 796	34 553	36 816
P_2	30	28 416	17 116	37 810	54 286
RA	30	65 023	27 086	70 888	2 564
NR	30	40 666	28 616	81 330	3 545
S_{12}	30	—	—	51 719	2 337
SM	30	26 886	16 746	23 788	1 988
S_{21}	30	—	—	17 162	3 145
S_{22}	30	41 456	24 896	73 076	3 301

（续表）

Sy	D	ABC	GABC	SOABC	ALSOABC
WE	30	47 236	30 716	102 850	4 286
Ave.		59 207	47 509	56 698	10 726

对于本章算法 SOABC 版本,从表 5.2 以及图 5.3 中可以看出,对于部分函数直接基于二阶振荡搜索,取得了一定的效果,如 AC,GR,QN,S_{12},SM,S_{21},ST,S_{22} 和 NR 函数,但对于 P_1,P_2,RO 函数的搜索效果还有待加强,这是因为直接引入二阶振荡算法,增加了算法前期的搜索范围,而且二阶振荡机制对参数 c_1 和 c_2 敏感,选择不当就很难满足大多数函数的优化需求。而基于异步学习因子的二阶振荡机制则很好地利用学习因子动态选择参数的取值,从而表现出了优异的搜索性能。

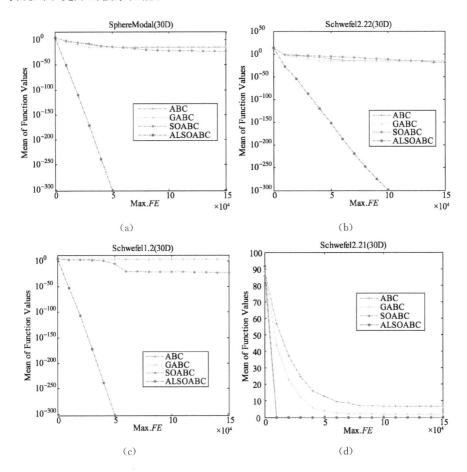

（a）

（b）

（c）

（d）

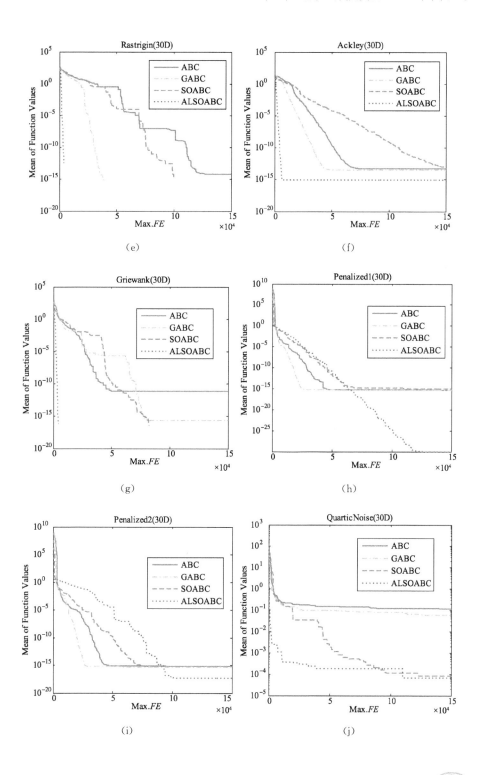

（e）

（f）

（g）

（h）

（i）

（j）

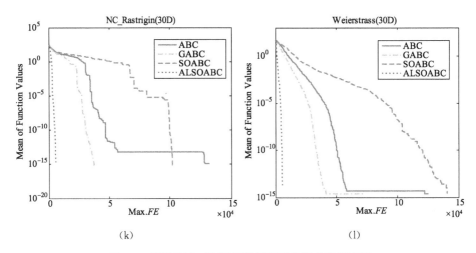

（k） （l）

图 5.3　四种算法对不同函数测试的收敛曲线示意图

图 5.3 给出了四种算法（ABC，GABC，SOABC 和 ALSOABC）对不同函数平均目标评价值的收敛曲线图。不同函数评价次数的百分比堆积柱形图见图5.4。

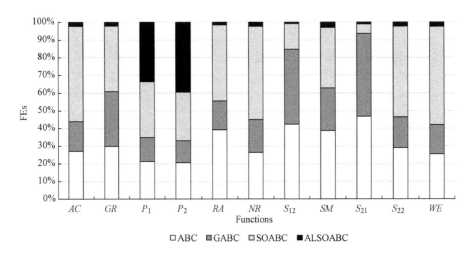

图 5.4　四种算法评价次数的百分比堆积柱形示意图

部分实验收敛图（图 5.3）显示 ALSOABC 算法能有效地避免早熟收敛，寻优率高，在绝大多数函数的测试问题中显示出本章算法优越的搜索性能。

图 5.3(a)测试固定评价次数 150 000 次的情况下，四种算法求解 SM 函数

的 30 维 30 次独立运行平均收敛进化曲线图，对比可以看出，图 5.3(a)反映出
1 000 次迭代 SOABC 搜索性能优于 GABC 与 ABC 算法，而 ALSOABC 则表
现出更强的搜索能力。ALSOABC 能在平均 50 000 次评价处收敛到
8.8932E－323，随后超越了计算机所能表示的求解精度(1.0E－324)，全局最
优值记为 0。

图 5.3(e)(g)(k)(l)为 RA，GR，NR，WE 函数 30 维测试的进化曲线收敛
图。从图 5.3(e)(g)(k)(l)中可以看到，SOABC 和 ALSOABC 算法引入了二阶
振荡，使得求解精度最终能直接跳变到 0，比传统的 ABC 和 GABC 算法在收敛
速度和求解精度上明显提高。图 5.4 同样给出了其他函数对四种算法搜索的曲
线图，总体来看，ALSOABC 算法的收敛速度和求解精度都更加优异，避免算法
停滞的性能更强。

(2) 与近年来改进的 ABC 算法的对比

为了进一步测试本章算法的有效性，我们将 SOABC 和 ALSOABC 算法与
最先进的改进的 7 个 ABC 算法进行了对比。使用的算法和参数设置如下。所
有算法的实验独立执行 30 次，维数为 30 和 50，最大评价次数 $Max.FEs =$
$5\,000*D = 150\,000$。为了更好地说明本章所提算法的性能，对比结果见表 5.4
以及不同测试函数在 30 和 50 维度下的收敛曲线图，见图 5.5～5.6 所示。

- PS-MEABC：$NP = D$，$SN = D/2$，$limit = 200$
- MEABC：$NP = 100$，$SN = 50$，$limit = 100$，$C = 1.5$
- EABC：$NP = 100$，$SN = 50$，$limit = 200$，$A = 1$，$\mu = 0.3$，$\sigma = 0.3$
- hABCDE：$NP = 50$，$SN = 25$，$limit = 100$，$p_1 = 0.2$，$p_2 = 0$，$p_3 =$
0.15，$r_1[0.2,0.6]$，$r_2[0.2,0.25]$，$r_3 = 0.6$，$r_4 = 0.1$
- SAABC：$NP = 50$，$SN = 25$，$limit = D*SN$，$C_1 = 1.1$，$C_2 = 1.5$，$R =$
0.5，$\varepsilon = 0.5$，$\lambda = 4$
- I-ABC，I-ABC greedy：$NP = 40$，$SN = 22$，$limit = 200$，$MCN = 5\,000$

从表 5.4 的实验结果来看，相比于其他最新的改进的 ABC 算法，
ALSOABC 算法几乎所有的测试问题的性能都更加优越。

利用 Wilcoxon 秩和检验 ALSOABC 与其他算法的显著差异，对应的统计
结果见表 5.4 的最后一行，进一步验证了本章所提算法 ALSOABC 的优越性。

表 5.4　9 种不同算法的对比结果

S_y	D		PS-MEABC	MEABC	EABC	hABCDE	SAABC	I-ABC	I-ABC greedy	SOABC	ALSOABC
AC	30	mean	3.17E−14	3.29E−14	1.75E−14	6.81E−15	3.76E−14	4.12E−14	3.17E−14	**8.88E−16**	**8.88E−16**
		SD	2.05E−15	3.55E−15	4.10E−15	2.05E−15	4.10E−15	7.40E−15	2.05E−15	0	0
GR	30	mean	5.18E−16	1.11E−16	0	0	7.40E−17	1.65E−13	6.57E−03	0	0
		SD	6.41E−17	0	0	0	1.28E−16	2.84E−13	1.14E−02	0	0
P_1	30	mean	5.66E−16	2.12E−16	1.18E−16	6.64E−17	5.44E−16	6.94E−16	2.25E−16	7.75E−16	**2.90E−32**
		SD	1.29E−16	3.71E−17	7.01E−17	2.09E−17	1.11E−17	6.24E−17	7.60E−17	1.10E−16	**1.66E−32**
P_2	30	mean	4.95E−16	3.64E−16	1.27E−16	7.31E−17	4.29E−16	7.01E−16	1.21E−07	7.54E−16	**7.67E−18**
		SD	3.37E−17	5.05E−17	4.90E−17	2.77E−17	8.40E−17	5.36E−17	1.06E−07	8.71E−17	**9.25E−18**
QN	30	mean	8.29E−02	5.71E−02	6.92E−03	4.17E−03	3.57E−02	1.32E−01	1.41E−02	1.34E−04	**1.83E−05**
		SD	5.50E−02	1.41E−02	2.09E−02	9.63E−03	7.51E−03	1.77E−02	2.54E−03	1.18E−04	**2.03E−05**
RA	30	mean	0	0	0	0	0	0	0	0	0
		SD	0	0	0	0	0	0	0	0	0
NR	30	mean	2.66E−14	0	0	0	0	0	0	0	0
		SD	4.62E−14	0	0	0	0	0	0	0	0
S_{12}	30	mean	1.36E+03	1.11E+04	9.67E+03	2.19E+01	2.49E+04	1.83E+03	1.47E+03	6.32E−23	0
		SD	1.80E+02	1.76E+03	1.27E+03	1.12E+01	5.72E+02	2.74E+02	1.16E+03	5.38E−23	0
RO	30	mean	1.53E+00	6.50E−01	1.88E+00	1.92E+01	3.31E+00	**4.91E−01**	5.79E+00	2.52E+01	2.34E+01
		SD	1.62E+00	**9.99E−02**	6.55E−01	1.47E+00	2.34E+00	3.81E−01	8.99E+00	7.43E−01	7.47E−01
SM	30	mean	4.94E−16	1.07E−45	3.08E−66	4.06E−112	5.22E−16	5.94E−16	3.95E−16	1.42E−24	0
		SD	1.46E−17	9.00E−46	2.98E−66	2.38E−112	7.34E−18	8.45E−17	9.91E−17	9.02E−25	0
S_{21}	30	mean	5.64E+00	1.12E+01	1.13E+00	2.49E−07	4.00E+00	6.62E+00	3.42E−02	7.29E−21	0
		SD	1.34E+00	1.59E−01	9.83E−02	2.03E−07	1.49E+00	1.89E+00	7.84E−03	8.83E−21	0
S_{22}	30	mean	1.28E−15	5.11E−22	2.13E−33	5.07E−73	1.23E−15	1.25E−15	7.78E−17	3.45E−19	0
		SD	2.38E−16	4.31E−22	8.64E−34	5.18E−73	2.26E−16	3.06E−16	5.15E−17	2.85E−19	0
WE	30	mean	4.74E−15	0	0	0	0	4.74E−15	7.80E−04	0	0
		SD	4.10E−15	0	0	0	0	4.10E−15	1.35E−03	0	0
$w/t/l$			11/1/1	9/3/1	8/4/1	8/4/1	9/3/1	10/2/1	10/2/1	7/6/0	—

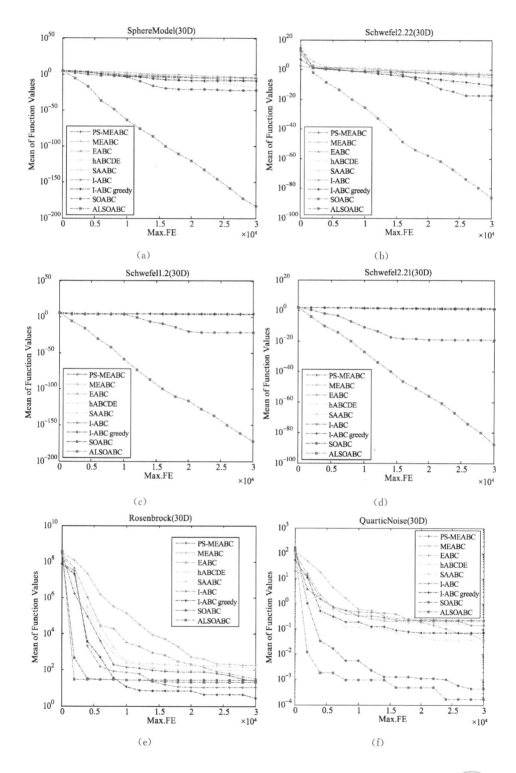

（a）

（b）

（c）

（d）

（e）

（f）

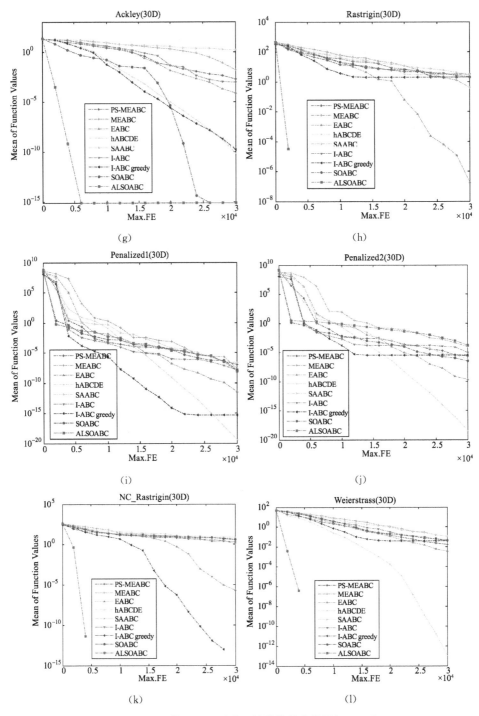

图 5.5　9 种算法不同测试函数的收敛曲线图($D=30$)

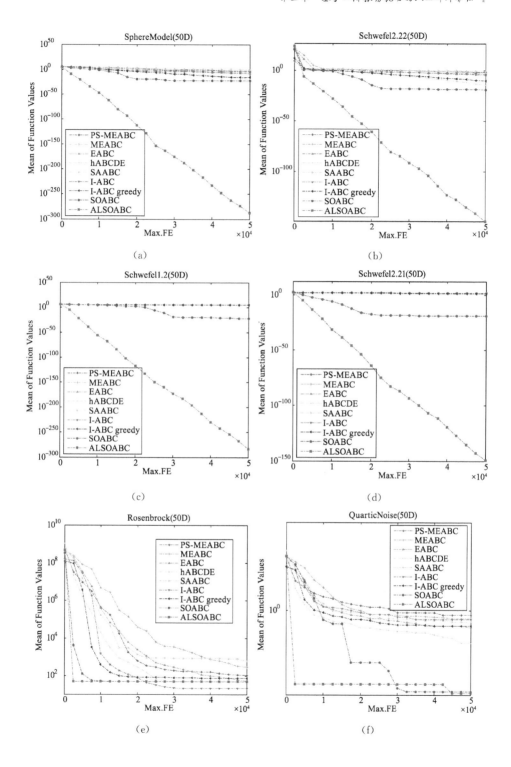

（a）

（b）

（c）

（d）

（e）

（f）

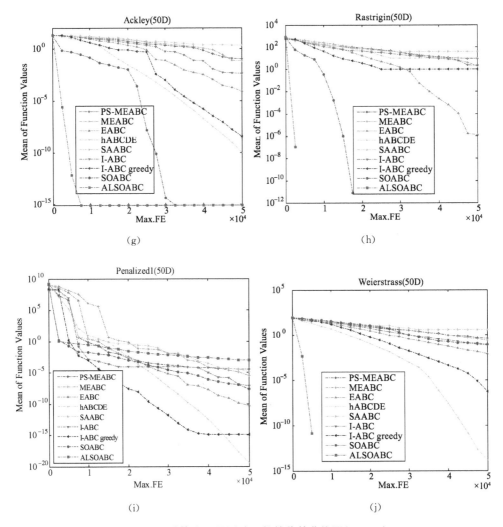

图 5.6   9 种算法不同测试函数的收敛曲线图($D=50$)

表 5.5   9 种不同算法的评价次数对比结果

Sy	PS-MEABC	MEABC	EABC	hABCDE	SAABC	I-ABC	I-ABC greedy	SOABC	ALSOABC
AC	73 956	70 084	47 318	38 501	80 246	58 895	26 232	84 696	3 132
GR	57 206	47 118	43 351	28 626	85 619	74 176	20 219	30 443	2 265
P_1	34 286	28 418	23 318	25 026	33 449	34 402	21 788	33 969	36 436
P_2	38 716	33 920	26 051	25 676	36 863	41 223	14 778	40 699	87 513

（续表）

Sy	PS-MEABC	MEABC	EABC	hABCDE	SAABC	I-ABC	I-ABC greedy	SOABC	ALSOABC
RA	71 046	49 784	33 351	70 375	72 350	48 394	56 029	55 447	2 867
NR	82 250	52 618	35 918	96 399	95 349	54 979	32 528	62 718	43 628
S_{12}	—	—	—	—	—	—	—	53 962	1 728
SM	39 026	41 184	29 118	26 601	38 402	38 994	16 274	30 512	2 695
S_{21}	—	—	—	—	—	—	—	16 662	3 814
S_{22}	57 946	65 751	44 851	31 351	67 850	57 604	24 443	73 856	3 569
WE	73 836	75 051	50 051	36 176	100 680	74 313	59 204	102 940	3 700
$Ave.$	75 297	69 448	57 575	61 703	82 801	71 180	51 954	53 264	17 395

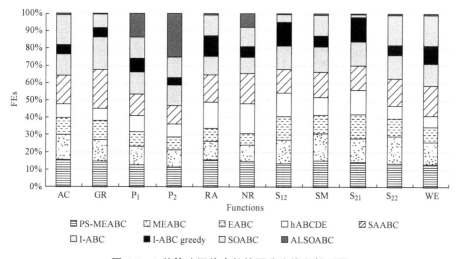

图 5.7　9 种算法评价次数的百分比堆积柱形图

根据以上分析可以看出,本章所提算法在处理大部分测试问题时具有明显的竞争优势(表 5.5,图 5.7)。

（3）与其他智能优化算法的对比实验

本章将 SOABC 和 ALSOABC 算法与近年来新提出的其他智能优化算法进行了对比试验(图 5.8,5.9),其中包括 CLPSO X, DMS-PSO X, iSADE X AM-DEGL。表 5.6～5.7 给出了不同算法间的测试结果,对比了 13 个测试函数通过 30 次独立运行在 30 维度最大评价次数为 Max.$FEs=5\,000*D=150\,000$ 的情况下的实验结果。从表中可以看出,ALSOABC 算法通过二阶振荡机制,增加了搜索的多样性,从而对于连续优化问题表现出了更为优异的搜索性能和求解精度。

表 5.6　与其他智能优化算法的对比结果

Sy	D		CLPSO	iSADE	DMS-PSO	SOABC	ALSOABC
AC	30	mean	9.46E−08	1.39E−13	4.44E−15	2.81E−14	**8.88E−16**
		SD	1.18E−08	9.47E−14	0.00E+00	4.72E−14	**0**
GR	30	mean	8.94E−09	**0**	**0**	**0**	**0**
		SD	1.04E−08	**0**	**0**	**0**	**0**
P_1	30	mean	3.39E−15	1.09E−25	**1.83E−32**	9.47E−16	4.11E−27
		SD	1.44E−15	8.79E−26	**1.29E−33**	1.92E−17	7.12E−27
P_2	30	mean	1.12E−13	3.93E−24	**1.55E−31**	6.47E−16	5.75E−25
		SD	6.30E−14	2.83E−24	**6.55E−32**	1.04E−16	9.96E−25
QN	30	mean	8.71E−03	1.12E−02	1.83E−01	1.52E−04	**6.63E−05**
		SD	1.62E−03	1.88E−03	1.04E−01	8.07E−05	**2.95E−05**
RA	30	mean	1.53E−06	2.75E+01	1.82E+02	**0**	**0**
		SD	1.72E−06	3.30E+00	6.42E+00	**0**	**0**
NR	30	mean	1.02E−05	2.28E+01	1.55E+02	**0**	**0**
		SD	7.09E−06	1.34E+00	1.06E+01	**0**	**0**
S_{12}	30	mean	1.18E+03	1.11E+02	1.02E−01	7.68E−23	**0**
		SD	3.17E+02	4.74E+01	4.91E−02	1.03E−22	**0**
RO	30	mean	**9.66E+00**	2.31E+01	4.25E+01	1.82E+01	2.23E+01
		SD	1.00E+01	5.06E−01	3.20E+01	1.05E+01	**3.14E+00**
SM	30	mean	1.41E−13	6.47E−25	4.17E−45	6.08E−24	**0**
		SD	7.16E−14	6.99E−25	1.76E−45	7.82E−24	**0**
S_{21}	30	mean	7.80E+00	6.08E−03	7.87E+00	1.55E−20	**0**
		SD	8.80E−01	2.82E−03	2.83E+00	9.72E−21	**0**

（续表）

Sy	D		CLPSO	iSADE	DMS-PSO	SOABC	ALSOABC
S_{22}	30	mean	3.10E−09	1.31E−15	1.22E−23	2.60E−19	**0**
		SD	5.46E−10	1.77E−16	2.90E−24	2.29E−19	**0**
WE	30	mean	2.51E−07	7.11E−15	**0**	**0**	**0**
		SD	1.97E−07	7.11E−15	**0**	**0**	**0**
$w/t/l$			12/0/1	12/1/0	9/2/2	9/4/0	—

表 5.7　与其他智能优化算法评价次数的对比

Sy	CLPSO	DMS-PSO	iSADE	SOABC	ALSOABC
AC	—	114 960	63 871	88 636	3 664
GR	143 940	76 121	41 111	38 742	2 275
P_1	102 470	67 225	35 528	35 611	35 556
P_2	112 390	72 916	39 488	41 113	66 155
RA	—	—	—	58 924	2 374
NR	—	—	—	62 573	23 563
S_{12}	—	—	—	53 036	2 807
SM	113 730	72 002	39 548	28 032	2 042
S_{21}	—	—	—	20 358	2 964
S_{22}	143 990	96 074	62 104	71 786	2 884
WE	—	130 092	79 068	105 406	4 365
$Ave.$	137 865	111 763	87 338	54 929	13 514

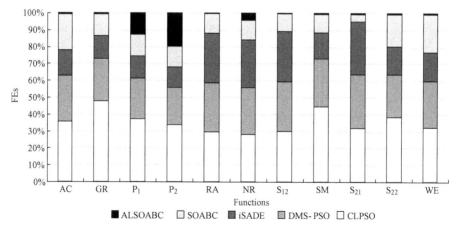

图 5.8　5 种算法评价次数的百分比堆积柱形示意图

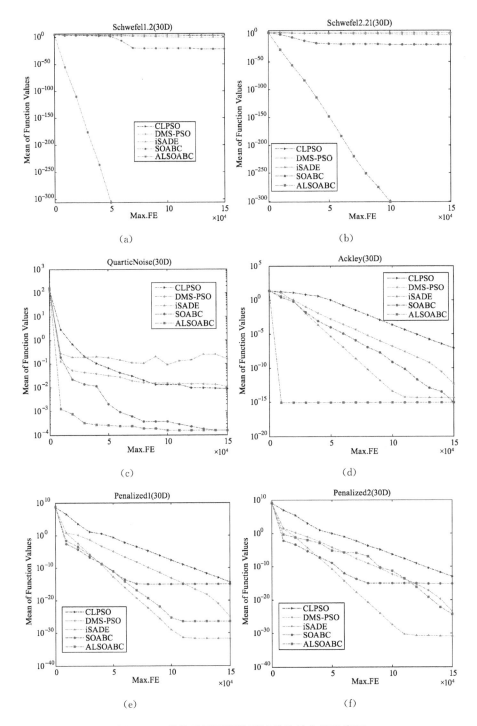

图 5.9 5 种算法不同函数测试的收敛曲线示意图

5.4 二阶振荡扰动策略人工蜂群算法的点云配准优化

随着三维激光扫描技术的日趋成熟,得到精确的三维模型点云数据变得更为便捷,而如何高效精准地对多组点云数据进行配准,已成为三维重建的一个关键问题。点云配准是根据扫描采样获得两组有重复区域的点云数据后,确定出一个合适的坐标变换使得这两组点云在统一的坐标系下进行对齐,最终合并为一个完整的数据模型。点云配准是获得完整点云模型的核心手段,是三维模型重建和逆向工程的重要环节,其配准精度直接决定了模型的重建质量。仿生群智能优化算法已经应用于许多工程优化问题并取得了一定的效果。然而如何应用仿生群智能优化算法来解决点云配准问题,对任意形状目标的点云数据实现快速精确的配准是当前三维激光扫描技术应用中亟待解决的一个难题,也是一个值得深入研究的热点课题。本节主要围绕新提出的改进的群智能优化算法,并将其应用于解决三维点云配准优化问题。

5.4.1 SOABC算法在点云配准中的应用

点云是通过三维激光扫描仪获得物体表面信息点的集合,一般为离散数据,在不同测点扫描的相同区域较难包含完全对应的点,故点云数据的配准即为寻找同区域点云数据的最佳的对应位置,最佳的对应位置需要在配准过程中设计相应的配准准则来衡量。

本节将 SOABC 算法应用到点云配准优化中,实现点云配准由粗到精的配准过程,降低传统方法对初始位置敏感,防止搜索陷入局部最优。点云配准流程如图 5.10 所示。将输入的点云通过点云简化和特征点提取,实现特征匹配,然后利用二阶振荡扰动策略的人工蜂群算法对点云模型进行目标函数的优化,实现 SOABC 算法的粗配准,最后通过 ICP 算法实现精配准。通过改进的人工蜂群算法的全局寻优性能,求解最优的变换矩阵 T,使得扫描点与待配准点集间的欧氏距离最小,需要对变换矩阵 T 中的 6 个参数进行编码,由于旋转变量 α,β,γ 和平移变量 V_x,V_y,V_z 的取值范围不同,故进一步对参数编码进行归一化操作,如参数编码随机生成 6 个约束范围内的解 x_1,x_2,x_3,x_4,x_5,x_6,组成一组解 $X = [x_1, x_2, x_3, x_4, x_5, x_6]$,对其进行归一化处理,使得参数编码的数值在 $[0,1]$ 范围之间,每个参数对应人工蜂群算法中食物源的变量,整个点云配准的问题就转变为一个求解六维空间内的全局优化问题,当两片点云配准完成后,其目标函数值的取值最小。

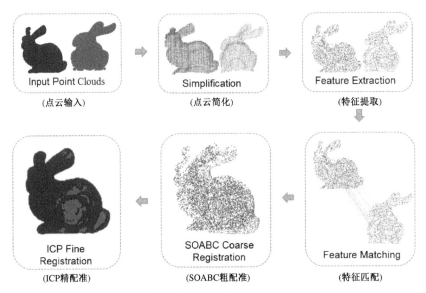

图 5.10 由粗到精的点云配准过程示意图

改进的 SOABC 优化算法将对应点距离最短作为全局搜索的准则,找到最优的旋转和平移的变换矩阵,最终实现点云的有效配准,该策略能有效提高寻优的效率和精度,降低 ICP 算法对初始位置的依赖性。配准算法用配准后两片点云对应点之间的距离中值 MedSE 数值来表示两片点云的配准精度,衡量点云配准的吻合度,值越小则配准的精度越高。SOABC 点云配准处理流程示意图见图 5.11 所示。

在改进的人工蜂群算法粗配准的基础上,采用 ICP 方法进行精细配准,进一步利用 k-d tree 快速搜索最近点对,提高点云配准的效率。

5.4.2 实验结果及算法分析

在本节中,我们广泛研究了 SOABC 算法和由粗到精(coarse-to-fine 3D registration algorithm)的三维点云配准算法。为了便于比较,本章的实验数据集(experimental dataset)选用了文献[20]中测试的模型和场景数据进行验证性的测试,实验数据集包括斯坦福大学经典的 4 个模型数据("Bunny""Happy

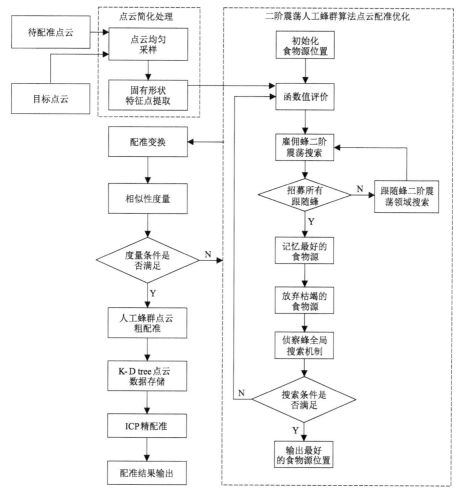

图 5.11　SOABC 点云配准处理流程示意图

Buddha""Dragon"and "Armadillo")和点云库网站中的 1 个室内场景数据
("Apartment"),如表 5.8 所示,选择了不同视角下的点云,部分数据含有噪音
和离群点,其数据集大小如表 5.9 所示。

　　在实验中,ICP 算法和 SOABC 算法分别最大迭代 50 次和 100 次,人工蜂
群的种群规模设置为 20,旋转角度范围[0°, 360°],平移量范围[-40 mm,
40 mm],实验通过 Matlab R2012b 编程实现,计算机硬件配置为 Intel Core i5-
4300U,内存 8 GB。

表 5.8　实验测试数据集

	视角 1	视角 2	视角 3	视角 4
Bunny				
Happy Buddha				
Dragon				
Armadillo				

场景数据	视角 1	视角 2
Apartment		

表 5.9　实验数据集说明

模型数据					
模型		视角 1	视角 2	视角 3	视角 4
Bunny	名称	bun000	bun045	bun090	bun180
	点数	40 256	40 097	30 379	40 251
Happy Buddha	名称	happyStandRight_0	happyStandRight_48	happyStandRight_72	happyStandRight_96
	点数	78 056	69 158	61 872	62 682
Dragon	名称	dragonStandRight_0	dragonStandRight_48	dragonStandRight_72	dragonStandRight_96
	点数	41 841	22 092	14 879	20 645
Armadillo	名称	ArmadilloStand_0	ArmadilloStand_30	ArmadilloStand_60	ArmadilloStand_90
	点数	28 220	27 315	24 029	20 960

场景数据			
场景		视角 1	视角 2
Apartment	名称	PointCloud0	PointCloud2
	点数	370 276	369 976

（1）点云简化与特征点提取

在这次实验中,我们需要测试点云简化与特征点提取的尺度对后续配准的影响,从而确定合适的采样参数 SampleRatio 和特征点提取的参数 r_{ISS},ε_1 和 ε_2。 实验首先测试了点云均匀采样率,采样的尺度大小会影响后期的点云配准过程中算法的计算量,采样过高会影响计算的效率,采样太低不能很好地表达点云数据的局部信息,合适的采样比率对应后期的配准至关重要,通过多次实验,在 4 组模型数据和 1 组场景数据的采样测试中,最终将采样参数设定为 SampleRatio＝0.1,可以有效保持点云数据的整体性,降低后续数据处理的运算量,实验结果如表 5.10 所示。

表 5.10　点云简化实验

模型数据	视角 1	视角 2	视角 3	视角 4
Bunny				
Sample Ratio＝0.5				

模型数据	视角 1	视角 2	视角 3	视角 4
Sample Ratio＝0.1				
Happy Buddha				
Sample Ratio＝0.5				
Sample Ratio＝0.1				
Dragon				
Sample Ratio＝0.5				
Sample Ratio＝0.1				
Armadillo				
Sample Ratio＝0.5				

(续表)

模型数据	视角 1	视角 2	视角 3	视角 4
Sample Ratio＝0.1				

场景数据	视角 1	视角 2
Apartment		
Sample Ratio＝0.5		
Sample Ratio＝0.1		

　　在均匀采样的基础上,进一步验证了特征点提取,通过 4 组模型数据和 1 组场景数据的特征提取实验,确定了搜索半径范围 r_{ISS} 和特征点识别阈值 ε_1 和 ε_2,其中模型数据和场景数据,由于扫描点云的差异性,其搜索范围 r_{ISS} 分别为 0.02 和 0.2,$\varepsilon_1＝\varepsilon_2＝0.6$,可以有效保持点云数据的固有形状特征信息,对于数据本身存在高噪声、离群点等会影响配准精度的点云具有较好的鲁棒性。实验结果如表 5.11 所示。

表 5.11　点云特征提取实验

模型数据	视角 1	视角 2	视角 3	视角 4
Bunny				
Sample Ratio=0.1				
特征提取 $r_{ISS}=0.02$ $\varepsilon_1=\varepsilon_2=0.6$				
Happy Buddha				
Sample Ratio=0.1				
特征提取 $r_{ISS}=0.02$ $\varepsilon_1=\varepsilon_2=0.6$				
Dragon				
Sample Ratio=0.1				
特征提取 $r_{ISS}=0.02$ $\varepsilon_1=\varepsilon_2=0.6$				

(续表)

模型数据	视角 1	视角 2	视角 3	视角 4
Armadillo				
Sample Ratio＝0.1				
特征提取 $r_{\text{ISS}} = 0.02$ $\varepsilon_1 = \varepsilon_2 = 0.6$				

场景数据	视角 1	视角 2
Apartment		
Sample Ratio＝0.1		
特征提取 $r_{\text{ISS}} = 2$ $\varepsilon_1 = \varepsilon_2 = 0.6$		

（2）改进的 ABC 算法粗配准性能

在本部分，我们验证了本章算法 SOABC 在不同的模型和视角下的粗配准性能，我们将 SOABC 与传统的 ABC 算法进行了比较，SOABC 的参数设置为 $Limit = D * SN$，$D = 6$，$c_{1max} = c_{2max} = 0.5$，$c_{1min} = c_{2min} = 2.5$。为了比较的公平，在设置相同的种群规模 $SN = 20$ 和最大的迭代次数 100 的前提下进行了实验。结果如表 5.12 和表 5.13 所示。

表 5.12　点云配准的求解精度结果统计

模型	视角 1 & 视角 2		视角 3 & 视角 4	
	ABC	SOABC	ABC	SOABC
Bunny	1.817 5E−02	**2.277 5E−04**	1.802 7E−02	**1.401 9E−04**
Happy Buddha	8.955 5E−03	**7.607 6E−03**	7.746 2E−03	**6.576 7E−03**
Dragon	2.519 1E−02	**1.144 0E−02**	1.569 7E−02	**1.453 7E−02**
Armadillo	1.109 1E−02	**8.314 8E−03**	1.853 3E−02	**1.629 1E−02**

表 5.13　ABC 和 SOABC 算法点云配准性能比较

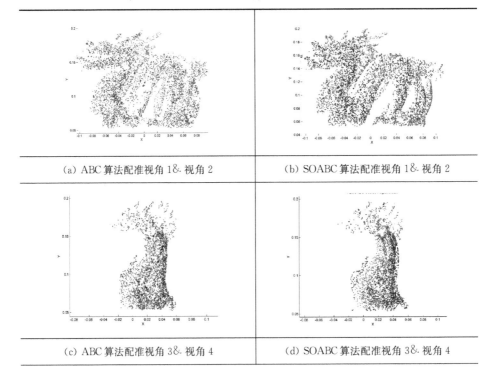

（a）ABC 算法配准视角 1 & 视角 2	（b）SOABC 算法配准视角 1 & 视角 2
（c）ABC 算法配准视角 3 & 视角 4	（d）SOABC 算法配准视角 3 & 视角 4

（续表）

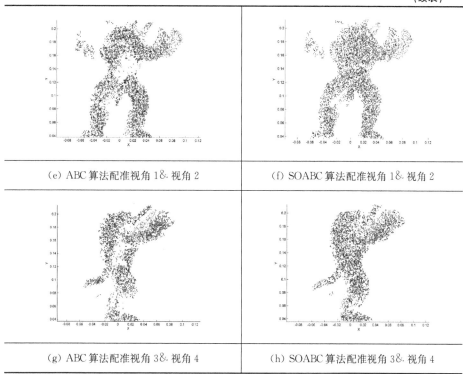

（e）ABC算法配准视角1& 视角2	（f）SOABC算法配准视角1& 视角2
（g）ABC算法配准视角3& 视角4	（h）SOABC算法配准视角3& 视角4

表 5.12 中给出两个算法在 4 个模型数据配准精度上的比较，SOABC 算法比传统的 ABC 算法求解精度更好。表 5.13 中列举了 Dragon 和 Armadillo 模型数据在视角1& 视角2，视角3& 视角4 视角下的配准结果，从表 5.12 和表 5.13 的结果可以看出，SOABC 算法相比于传统的 ABC 算法，在配准精度上表现出了更好的性能。这是因为其更好的邻域搜索机制使得算法在配准过程中很好地达到了全局搜索与局部寻优的有效平衡，在点云配准中表现出更好的搜索效率和求解精度。

（3）由粗到精配准算法的验证

为了验证本章配准策略流程的有效性和鲁棒性，实验分别在 4 个模型数据和 1 个室内场景数据上进行测试。配准结果通过可视化的方式呈现，如表 5.14 所示，我们给出了输入点云，进行简化和特征点提取，然后利用 SOABC 进行粗配准，在粗配准的基础上进行 ICP 精配准，最后将变换参数映射到输入的点云上得到最终的配准结果。同时我们使用公式（3.23）在对应点间进行量化（Median Square Error，MedSE），反映了点云配准的精度，值越小，配准效果越好。

表 5.14　点云配准结果

模型数据	粗精配准 视角 1 & 视角 2		
粗精配准 Bunny 模型 数据	 点云输入	 点云简化	 特征提取
	 粗配准	 精配准	 配准结果
粗精配准 Happy Buddha 模型 数据	 点云输入	 点云简化	 特征提取
	 粗配准	 精配准	 配准结果

（续表）

模型数据	粗精配准 视角 1 & 视角 2		
粗精 配准 Dragon 模型 数据	 点云输入	 点云简化	 特征提取
	 粗配准	 精配准	 配准结果
粗精 配准 Armadillo 模型 数据	 点云输入	 点云简化	 特征提取
	 粗配准	 精配准	 配准结果

(续表)

模型数据	粗精配准 视角 1 & 视角 2		
粗精 配准 Apartment 场景 数据			
	点云输入	点云简化	特征提取
	粗配准	精配准	配准结果

表 5.15 ICP 和 SOABC 的配准结果统计

模型	视角 1 & 视角 2	
	SOABC	SOABC+ICP
Bunny	2.277 5E−04	9.492 5E−06
Happy Buddha	5.959 3E−05	1.790 5E−05
Dragon	2.074 8E−04	3.943 7E−05
Armadillo	1.478 1E−04	1.004 7E−05
Apartment	1.763 1E−01	1.109 2E−01

表 5.14 中显示了模型数据和场景数据的配准结果,我们以视角 1 和视角 2 的配准为例,所提方法都能达到较好的配准结果,MedSE 值在配准后满足配准的精度要求,达到了理想的精度数量级。

表 5.15 和表 5.16 中分别统计了 SOABC 算法在测试集数据视角 1 & 视角 2 视角下的点云由粗到精配准的求解精度和时间统计,从结果上来看,配准效果较好,有一定的应用价值。

表 5.16　ICP 和 SOABC 配准时间的统计

模型	视角 1 & 视角 2		
	SOABC(100)	ICP(50)	时间（s）
Bunny	3.58	0.39	3.96
Happy Buddha	2.41	0.47	2.88
Dragon	2.66	0.28	2.94
Armadillo	2.30	0.32	2.61
Apartment	44.11	10.31	54.42

（4）算法运行时间和精度的比较

运算效率是衡量点云配准算法性能的一项重要的指标。为了验证所提算法在初始位置旋转或者平移变换后配准的鲁棒性，选择了 Bunny 的视角 1 & 视角 2 视角进行了实验，并进一步将所提算法（SOABC＋ICP）与传统的 ICP 直接配准在初始位置变换的情况下进行了实验比较。结果如表 5.17 所示。其中，旋转角度是指沿三个坐标轴旋转的角度大小，平移参数表示沿三个坐标轴平移的数值，t_{ICP}，t_{SOABC}，$t_{ICP'}$，t_{sum} 分别表示直接用 ICP 配准时间、本章 SOABC 粗配准时间、ICP 精配准时间和本章粗精配准总的时间，时间单位为秒，Avg.表示平均值。

表 5.17　SOABC 与传统的 ICP 在初始位置变换下的配准比较

案例	旋转角度	平移参数	ICP		SOABC＋ICP			
			MedSE	t_{ICP}	MedSE	t_{SOABC}	$t_{ICP'}$	t_{sum}
1	$\pi/4, -\pi/4, -\pi/4$	0.04, −0.03, 0.04	1.075 5E−02	19.56	**2.845 1E−03**	7.38	0.54	7.93
2	$\pi/3, \pi/3, \pi/3$	0.02, 0.02, 0.02	1.783 6E−01	27.91	**2.971 5E−03**	7.49	0.41	7.90
3	$\pi/3, \pi/4, \pi/5$	0.02, 0.02, 0.02	1.687 9E−02	28.42	**1.054 2E−02**	10.13	0.76	10.89
4	$\pi/4, \pi/5, \pi/3$	0.02, 0.02, 0.02	1.157 8E−02	14.84	**1.056 5E−02**	8.33	0.84	9.17
5	$\pi/3, \pi/4, \pi/4$	0.02, 0.02, 0.02	1.692 0E−02	27.91	**2.579 8E−03**	10.10	0.61	10.71
6	$\pi/3, -\pi/3, \pi/3$	0.02, 0.02, 0.02	1.693 4E−02	27.79	**2.684 0E−03**	8.50	0.52	9.03
7	$\pi/3, -\pi/3, -\pi/3$	0.02, 0.02, 0.02	1.279 5E−02	15.13	**2.658 2E−03**	10.68	0.59	11.26
8	$\pi/2, \pi/3, \pi/4$	0.04, 0.04, 0.04	1.119 0E−02	17.30	**3.269 2E−03**	6.32	0.65	6.97
9	$\pi/2, \pi/3, \pi/4$	0.02, 0.02, 0.02	1.789 0E−02	30.96	**2.943 4E−03**	6.03	0.45	6.48
10	$\pi/2, -\pi/3, -\pi/4$	0.04, 0.04, 0.04	1.315 3E−02	18.54	**2.626 4E−03**	9.93	0.52	10.45
11	$\pi/2, -\pi/3, \pi/4$	0.04, 0.04, 0.04	1.676 1E−02	23.78	**2.666 0E−03**	7.38	0.42	7.80
12	$-\pi/2, -\pi/3, \pi/4$	0.04, 0.04, 0.04	1.113 8E−02	21.29	**2.850 1E−03**	8.05	0.50	8.54
	Avg.			**22.79**		**8.36**	**0.57**	**8.93**

为了比较的公平性,ICP 最大迭代 50 次,SOABC 初始配准迭代 100 次,运行时间和求解精度如表 5.15 和表 5.16 所示。传统的 ICP 在初始位置变换后,往往陷入了局部最优,配准时间急剧上升,平均耗时 22.79 s,而且配准失败。而本章算法中 ICP 收敛速度快速,配准时间平均为 0.57 s,这是因为我们采用 SOABC 算法保障了 ICP 配准的初始位置。虽然 SOABC 平均耗时 8.36 s,但我们是在最大迭代次数 100 的情况下所测,实际情况下,多数配准只需要 50 次左右迭代即可满足 ICP 精配准的初始位置迭代要求,并且配准精度显著提高,达到理想的配准精度要求。经过旋转平移变换的两片点云,整体上粗精配准的平均时间在 8.93 s,时间相比于直接 ICP 配准降低明显,而且能有效配准。

所以,通过多次试验配准,从配准效果上来看,当两片点云在没有角度旋转和平移变换的情况下,ICP 算法能得到较好的配准效果,但随着待配准点云的初始位置产生旋转和平移变换后,ICP 算法很容易陷入局部最优,配准效果大大降低,而采用本章算法进行粗配准能很好地解决该问题,如表 5.17 所示,精度上优于 ICP 算法,能有效降低对点云配准初始位置的敏感度,在不同的初始位置上能得到更为精确的全局最优值,配准效果较好。

5.5　本章小结

本章将二阶振荡的思想引入到蜂群算法中,并提出了基于二阶振荡扰动的人工蜂群算法。算法针对典型的基准测试函数进行了性能测试,结果表明,所提 SOABC 和 ALSOABC 算法有很好的抑制早熟的能力,在迭代后期能有效地加强搜索,提高全局寻优能力,同时求解精度也相比于其他智能优化算法大幅提高。新提出的基于二阶振荡改进的人工蜂群算法优化性能稳定,能较好地平衡全局寻优和局部优化的性能,有很好的鲁棒能力,在求解多峰及高维函数的优化问题上具有很好的搜索能力,是一类解决连续域优化问题的理想方法。此外,将二阶振荡扰动机制的蜂群优化算法进行了点云配准优化的应用,提出了一种基于二阶振荡人工蜂群算法来解决点云配准问题的优化方法。利用 SOABC 进行目标函数的优化,获得点云变换矩阵的全局最优解,然后再通过精配准获得最终的点云配准效果。通过不同的模型数据和场景数据对算法的性能测试,结果表明,提出的基于二阶震荡的人工蜂群算法的点云配准,在点云配准优化问题中,较好地解决了 ICP 算法对点云初始位置严重依赖的问题,全局寻优能力增强,求解精度也相比于传统的 ABC 算法大幅提高。在点云配准中有很好的鲁棒能力,具有一定的应用价值。在处理大数据量和存在噪声的点云模型中有很好的寻优精度和抗噪能力,在计算时间和寻优能力方面优于传统的 ICP 点云配准策略,具有更强的稳定性、适应性和通用性。

第六章

总 结 与 展 望

6.1　本书工作总结

本书的主要工作包括以下几个方面：

（1）提出了一种基于模式搜索趋化的布谷鸟搜索算法

布谷鸟搜索算法是一种基于莱维飞行搜索策略的新型智能优化算法。然而单一的莱维飞行随机搜索更新策略存在局部开采能力受限和寻优精度不高等缺陷。为了解决这一问题，提出了一种改进的布谷鸟全局优化算法。该算法的主要特点在于以下三个方面：首先，采用全局探测和模式移动交替进行的模式搜索趋化策略，实现了布谷鸟莱维飞行的全局探测与模式搜索的局部优化的有机结合，从而避免盲目搜索，加强算法的局部开采能力；其次，采取自适应竞争机制动态选择最优解数量，实现了迭代过程搜索速度和解的多样性间的有效平衡；最后，采用优势集搜索机制，实现了最优解的有效合作分享，强化了优势经验的学习。该算法应用于数值函数优化问题，结果表明，算法不仅寻优精度和寻优率显著提高，鲁棒性强，且适合于多峰及复杂高维空间全局优化问题。与典型的改进布谷鸟优化算法以及其他群智能优化策略相比，其局部开采性能与寻优精度更具优势，效果更好。

（2）提出了一种基于全局侦察搜索的人工蜂群算法

人工蜂群算法是近年来提出的模拟蜂群觅食行为的群智能优化算法。由于算法中侦察蜂逃逸行为的不足，使得该算法存在全局搜索性能不足、早熟收敛，易于陷入局部最优等问题。根据对最新的侦察蜂行为的研究成果表明，侦察蜂具有快速飞行、全局侦察并指导其他蜂群觅食的行为特征。算法利用蜂群觅食过程先由侦察蜂进行全局快速侦察蜜源并和其他蜂群相互协作的特征，提出了一种模拟自然界中侦察蜂全局快速侦察搜索改进的蜂群优化算法。首先，该算法由侦察蜂根据新的侦察搜索策略在所分配的子空间内进行大视域全局快速侦察,可以有效避免算法的早熟收敛,防止陷入局部最优;其次,侦察蜂群利用全局侦察的启发信息指导其他蜂群觅食搜索,两者相互协作共同实现算法的寻优性能,提高求解精度;最后,算法还引入预测与选择机制改进引领蜂和跟随蜂的搜索策略,进一步加强算法邻域局部搜索的性能。算法应用于数值函数优化问题,结果表明,与典型改进的人工蜂群算法和其他群智能优化改进算法相比,算法的全局搜索性能增强,能有效地避免早熟收敛,寻优精度显著提高,并能适用于高维空间的优化问题。

(3)提出了一种基于二阶振荡扰动的人工蜂群算法

人工蜂群算法是利用蜂群的角色分配和协同工作的机理形成的一套搜索策略。但是,在搜索后期,局部开采逐渐枯竭,全局侦察逃逸能力不足。算法在搜索后期存在种群多样性不足,过快早熟收敛,常常表现为搜索能力强和开采能力弱,其实质是全局探索和局部开采能力的不平衡。为了解决这一问题,结合人工蜂群算法易与其他技术混合的优势,算法在雇佣蜂群觅食过程中,引入二阶振荡扰动策略,提出了一种基于异步变化学习的二阶振荡机制人工蜂群算法。首先,通过引入二阶振荡搜索机制有效地抑制过快早熟,增强局部搜索能力;其次,算法在搜索过程中利用扰动策略在迭代初期加强全局探测,增加空间搜索的多样性;最后,通过异步变化学习机制,算法在后期搜索过程中增强局部开采性能,从而加强求解精度。算法应用于数值函数优化问题,针对典型测试函数的实验结果表明,该算法能有效实现人工蜂群算法在全局探索和局部开采能力两者间的平衡,克服搜索性能上的不足,增加搜索的多样性,寻优率显著提高。与其他提出的典型策略相比,算法具有较强的竞争优势。

(4)提出了改进的仿生群智能优化算法在点云配准中的应用研究

点云配准是三维数字处理技术的一个核心问题,而传统的点云配准方法对初始配准位置敏感并易陷入局部最优。利用仿生群智能优化算法可以有效地解决该类问题。第一,采用基于模式搜索趋化的布谷鸟搜索来解决点云配准优化问题,在整个配准过程中先进行点云简化与特征点提取,然后利用改进的布谷鸟搜索全局优化方法进行目标函数的优化,获得点云变换矩阵的全局最优参数,再通过精配准获得最终的点云配准效果。通过不同的模型数据对算法的性能测试,结果表明,首次提出的基于改进布谷鸟全局优化算法的点云配准,在点云配准优化问题中,较好地解决了传统的迭代最近点配准算法对点云初始位置严重依赖的问题,有很好的抑制早熟的能力,提高了全局寻优能力,同时求解精度也相比于传统的迭代最近点配准算法大幅提高。在点云配准中有很好的鲁棒能力,具有较好的应用价值。第二,将异步变化学习的二阶振荡人工蜂群算法应用于三维点云配准问题中。提出了一种基于改进的人工蜂群算法点云配准方法,通过对输入点云的均匀采样,并基于领域半径约束的固有形状特征点提取进一步简化点云,然后通过改进的人工蜂群算法完成对点云较好的初始配准,得到空间变换矩阵参数。最后通过 k-d tree 近邻搜索法加速对应点查找,以提高点云迭代最近点配准算法精细配准的效率。通过对不同初始位置的点云库模型和场景数据进行配准实验,验证结果表明该算法相比于传统的配准方法,抗噪性好,配准精度高,鲁棒性强。

6.2 下一步研究方向

仿生群智能优化策略具有自组织、分布式和鲁棒性等优越的特征,该领域具有广阔的研究前景和应用价值。从国内外研究现状来看,对于仿生群智能优化算法的研究取得了一定的成果,然而单一的群智能优化方法在面对复杂问题时会面临搜索性能不足,精度不高,早熟收敛和泛化能力不高等缺陷。目前,对于该课题的研究还处于起步探索阶段,在理论上还缺乏坚实的数学基础,算法的收敛性证明及鲁棒性的测试还有待进一步地深入。虽然本书提出的一些算法和应用取得了较好的性能,但是从算法本身来看,还存在许多值得改进和研究的地方。今后我们的研究方向主要集中在以下几个方面:

(1)算法平衡机理

虽然在算法中引入模式搜索趋化策略、侦察蜂全局侦察搜索、二阶振荡搜索机制等方案可以提高求解质量,但在有些测试问题上算法不可避免地耗费了较多的评估次数,怎样在保证求解质量的同时尽可能地使评估次数减少,如何有效地平衡算法的全局勘探和局部开采能力,有效地均衡算法精度和速度的矛盾将作为下一步的研究目标。

(2)高维空间搜索性能

目前,对于面向连续优化问题的算法,由于计算资源有限,算法主要在 30 维的函数优化问题上进行了测试实验,对于更高维度的求解还需要进一步研究。目前,云计算、大数据等应用领域出现了海量数据,维度更高。因此,需要对面向连续优化问题的算法在更高维空间测试函数上做性能测试实验。

（3）算法执行机制

仿生智能优化算法具有良好的并行性和分布性。由于时间、精力、硬件环境和技术水平的限制，目前算法主要是在单 PC 上运行的。怎样采用网格计算技术、分布式计算技术和并行技术提高算法运行速度将成为下一步的研究目标之一。

（4）算法理论论证

文中算法应用的数学模型和指导思路的有效性、收敛性和鲁棒性都是通过经典的测试函数来证明的，目前，对于仿生群智能优化算法的理论研究工作较少，数学论证还需要不断深入研究。同时，文中参数的设定也是根据实验方法来选择确定，如何针对不同的应用设定科学有效的参数设定策略，还需要进一步的深入研究。

（5）算法应用领域

仿生群智能优化算法在复杂优化领域的应用还有待加强。点云配准优化是本书研究的重要应用领域，利用群智能优化策略解决点云配准工作还是刚刚开始，国内外研究才刚刚起步，在今后的研究中，基于已有的成果，还需要进一步研究。同时，本书所提的改进的群智能优化策略还需要进一步深入挖掘和实验测试，要根据实际工程应用问题的特性，来解决不同领域的实际应用问题，进一步推广仿生群智能优化算法的应用领域。

致　　谢

　　光阴似箭,日月如梭。首先要感谢我的导师孙正兴教授。您严格要求,谆谆教导。对于一位在职的博士生,您在学术上从未降低对我的要求,您耐心的指导,为我提供良好的学习、研究环境;工作上,您给予了我许多指导和帮助;生活上您对我也是无微不至的关怀和照顾;这一切都将使我永生难忘。您一丝不苟、严谨认真的治学态度,教会了我如何不懈努力、持之以恒地做学问;您丰富、睿智的生活感悟,更让我学到了很多做人的道理。您的言传身教让我获益良多,这对我的人生之路来说是一笔无形的、巨大的财富。我从您身上学到的不仅仅是知识,还有智慧,您教会我如何去分析问题解决问题,如何将知识转变为智慧,提升自己各方面的综合能力。您让我深深地体会到您人格的魅力,从您身上我真真切切地明白人格的完美程度决定了未来的发展高度,人生最曼妙的风景竟是内心的淡定与从容。在科研的道路上,面对困难如何迎难而上,如何走出自己的舒适区,圈层突破,挑战自我,学最好的别人,做最好的自己。千言万语无法见诸笔端,在此,谨向您表示衷心的感谢。

　　感谢张岩老师,您勤奋、踏实的作风对我读博阶段的学习以及工作都有着重要的影响,感谢您在学习和生活中给予我的无私帮助和鼓励。感谢宋沫飞、李骞、陈松乐、李毅、刘凯、杨克微、周杰、章菲倩等师兄师姐在学术上给我的指点,感谢郎许峰、吴昊、徐俊同学多年来在学习工作中的陪伴和帮助,感谢李红岩、王爽、马陈、宋有成、李博、胡安琦、武蕴杰、朱毅欢、仲奕杰、张胜、唐律、骆守桐、余佩雯、阮承峰、孙蕴瀚、徐烨超等师弟师妹们在平时学习生活中带来的欢乐。感谢 Magic 组的各位师兄弟姐妹们给我的无私帮助,祝愿各位将来都前程似锦、百事可乐、一帆风顺。

　　感谢我单位的领导、同事,在我读博期间给予我的支持和帮助。感谢南京旅游职业学院周春林书记、叶凌波校长、黄斌副书记、操阳副校长、田寅生副书记、洪涛副校长、李艳副校长以及各处室的领导同仁给予的支持与帮助。感谢酒店管理学院苏炜院长、陈瑶副书记以及各教研室主任、同事们在工作上替我分担了许多日常事务。谢谢一切关心、支持、帮助过我的人!

感谢我的父母,感谢我的家人,特别要感谢我的妻子朱娴和我的儿子马梓尧,谢谢你们的陪伴和鼓励,多少次在你们的支持和帮助下,我才能静心科研。只有更加勤勉踏实的工作才能回馈你们的恩情!

最后,我想起美国总统林肯的一句话:"我走得慢,但我绝不退后。"以此激励自己应继续努力,砥砺前行;向阳而生,逆风飞扬。

参 考 文 献

［1］ Cruz D P F, Maia R D, De Castro L N. A critical discussion into the core of swarm intelligence algorithms[J]. Evolutionary Intelligence, 2019, 12(2): 189-200.

［2］ Gao K Z, Cao Z G, Zhang L, et al. A review on swarm intelligence and evolutionary algorithms for solving flexible job shop scheduling problems[J]. IEEE/CAA Journal of Automatica Sinica, 2019, 6(4): 904-916.

［3］ Parpinelli R S, da Silva R S, Narloch P H, et al. A review of techniques for online control of parameters in swarm intelligence and evolutionary computation algorithms [J]. International Journal of Bio-Inspired Computation, 2019, 13(1): 1.

［4］ Hussain K, Mohd Salleh M N, Cheng S, et al. Metaheuristic research: A comprehensive survey[J]. Artificial Intelligence Review, 2019, 52(4): 2191-2233.

［5］ Daxini S D, Prajapati J M. Structural shape optimization with meshless method and swarm-intelligence based optimization [J]. International Journal of Mechanics and Materials in Design, 2020, 16(1): 167-190.

［6］ Mavrovouniotis M, Li C H, Yang S X. A survey of swarm intelligence for dynamic optimization: Algorithms and applications[J]. Swarm and Evolutionary Computation, 2017, 33: 1-17.

［7］ Kennedy J, Eberhart R. Particle swarm optimization[C]//Proceedings of ICNN'95 — International Conference on Neural Networks. November 27 — December 1, 1995, Perth, WA, Australia. IEEE, 1995: 1942-1948.

［8］ Dorigo M, Birattari M, Stutzle T. Ant colony optimization[J]. IEEE Computational Intelligence Magazine, 2006, 1(4): 28-39

［9］ Dorigo M, Stützle T. Ant colony optimization[M]. Cambridge: The MIT Press, 2004.

［10］ Passino K M. Biomimicry of bacterial foraging for distributed optimization and control [J]. IEEE Control Systems Magazine, 2002, 22(3): 52-67.

［11］ Luan X Y, Jin B Y, Liu T Z, et al. An improved artificial fish swarm algorithm and application [C]//Computational Intelligence, Networked Systems and Their Applications, 2014. DOI: 10.1007/978-3-662-45261-5_11.

［12］Yang X S，Deb S. Engineering optimisation by cuckoo search［J］. International Journal of Mathematical Modelling and Numerical Optimisation，2010，1(4)：330.

［13］Karaboga D.An idea based on honey bee swarm for numerical optimization［R］.Kayseri：Tech. Rep. TR06，Erciyes University，Engineering Faculty，Computer Engineering Department，2005.

［14］马卫. 求解函数优化问题的连续新蚂蚁算法研究［D］. 南京:南京师范大学,2009.

［15］王林，吕盛祥，曾宇容. 果蝇优化算法研究综述［J］. 控制与决策，2017，32(7)：1153-1162.

［16］Yang X S. Firefly algorithms for multimodal optimization［C］//Stochastic Algorithms：Foundations and Applications. Berlin，Heidelberg：Springer Berlin Heidelberg，2009：169-178.

［17］林诗洁，董晨，陈明志，等. 新型群智能优化算法综述［J］. 计算机工程与应用，2018，54(12)：1-9.

［18］孙文娇，高飒，王瑞庆，等. 几类元启发式优化算法性能的比较研究［J］. 数学理论与应用，2016，36(2)：118-124.

［19］Yang X S，Deb S. Cuckoo search via lévy flights［C］//2009 World Congress on Nature & Biologically Inspired Computing（NaBIC）. December 9-11，2009，Coimbatore，India. IEEE，2009：210-214

［20］Civicioglu P，Besdok E. A conceptual comparison of the Cuckoo-search，particle swarm optimization，differential evolution and artificial bee colony algorithms［J］. Artificial Intelligence Review，2013，39(4)：315-346.

［21］Valian E，Mohanna S，Tavakoli S. Improved cuckoo search algorithm for global optimization［J］. International Journal of Communications and Information Technology，2011，1(1)：31-44.

［22］Walton S，Hassan O，Morgan K，et al. Modified cuckoo search：A new gradient free optimisation algorithm［J］. Chaos，Solitons & Fractals，2011，44(9)：710-718.

［23］Li M. Hybrid optimization algorithm of Cuckoo Search and DE［J］. Computer Engineering & Applications，2013，49(9)：57-60.

［24］Tuba M，Subotic M，Stanarevic N. Modified cuckoo search algorithm for unconstrained optimization problems［C］//Proceedings of the 5th European Conference on Computing. Athens:The 5th European Conference on Computing ,2011：263-268.

［25］Zhang Y W，Wang L，Wu Q D. Modified Adaptive Cuckoo Search (MACS) algorithm and formal description for global optimisation［J］. International Journal of Computer Applications in Technology，2012，44(2)：73.

[26] 张永韡, 汪镭, 吴启迪. 动态适应布谷鸟搜索算法[J]. 控制与决策, 2014, 29(4): 617-622.

[27] 王李进, 尹义龙, 钟一文. 逐维改进的布谷鸟搜索算法[J]. 软件学报, 2013, 24(11): 2687-2698.

[28] 胡欣欣, 尹义龙. 求解连续函数优化问题的合作协同进化布谷鸟搜索算法[J]. 模式识别与人工智能, 2013, 26(11): 1041-1049.

[29] Ghodrati A, Lotfi S. A hybrid CS/PSO algorithm for global optimization[C]// Intelligent Information and Database Systems. Berlin, Heidelberg: Springer Berlin Heidelberg, 2012: 89-98.

[30] Wang F, Luo L G, He X S, et al. Hybrid optimization algorithm of PSO and Cuckoo Search[C]//2011 2nd International Conference on Artificial Intelligence, Management Science and Electronic Commerce (AIMSEC). August 8-10, 2011, Deng Feng, China. IEEE, 2011: 1172-1175.

[31] Salimi H. Extended mixture of MLP experts by hybrid of conjugate gradient method and modified cuckoo search[J]. International Journal of Artificial Intelligence & Applications, 2012, 3(1): 107-13.

[32] Li X T, Wang J N, Yin M H. Enhancing the performance of cuckoo search algorithm using orthogonal learning method[J]. Neural Computing and Applications, 2014, 24(6): 1233-1247.

[33] Li X T, Yin M H. Parameter estimation for chaotic systems using the cuckoo search algorithm with an orthogonal learning method[J]. Chinese Physics B, 2012, 21(5): 050507.

[34] Karaboga D, Gorkemli B. A quick artificial bee colony (qABC) algorithm and its performance on optimization problems[J]. Applied Soft Computing, 2014, 23: 227-238.

[35] Loubière P, Jourdan A, Siarry P, et al. A sensitivity analysis method for driving the Artificial Bee Colony algorithm's search process[J]. Applied Soft Computing, 2016, 41: 515-531.

[36] Morris M D. Factorial sampling plans for preliminary computational experiments[J]. Technometrics, 1991, 33(2): 161-174.

[37] 李彦苍, 彭扬. 基于信息熵的改进人工蜂群算法[J]. 控制与决策, 2015, 30(6): 1121-1125.

[38] 刘三阳, 张平, 朱明敏. 基于局部搜索的人工蜂群算法[J]. 控制与决策, 2014, 29(1): 123-128.

［39］Tuba M L，Bacanin N. Artificial bee colony algorithm hybridized with firefly algorithm for cardinality constrained mean-variance portfolio selection problem［J］. Applied Mathematics & Information Sciences，2014，8(6)：2831-2844.

［40］Yuan X H，Wang P T，Yuan Y B，et al. A new quantum inspired chaotic artificial bee colony algorithm for optimal power flow problem［J］. Energy Conversion and Management，2015，100：1-9.

［41］Yuan X H，Wang P T，Yuan Y B，et al. A new quantum inspired chaotic artificial bee colony algorithm for optimal power flow problem［J］. Energy Conversion and Management，2015，100：1-9.

［42］Gao W F，Liu S Y，Huang L L. A novel artificial bee colony algorithm with Powell's method［J］. Applied Soft Computing，2013，13(9)：3763-3775.

［43］Zhang M Q，Wang H，Cui Z H，et al. Hybrid multi-objective cuckoo search with dynamical local search［J］. Memetic Computing，2018，10(2)：199-208.

［44］Blum C，Roli A. Metaheuristics in combinatorial optimization［J］. ACM Computing Surveys，2003，35(3)：268-308.

［45］Yang X S. Nature-inspired metaheuristic algorithms［M］. Beckington：Luniver Press，2010.

［46］Bouyer A，Hatamlou A. An efficient hybrid clustering method based on improved cuckoo optimization and modified particle swarm optimization algorithms［J］. Applied Soft Computing，2018，67：172-182.

［47］Zhou J J，Yao X F. A hybrid approach combining modified artificial bee colony and cuckoo search algorithms for multi-objective cloud manufacturing service composition［J］. International Journal of Production Research，2017，55(16)：4765-4784.

［48］Wang G G，Deb S，Gandomi A H，et al. Chaotic cuckoo search［J］. Soft Computing，2016，20(9)：3349-3362.

［49］牛海帆，宋卫平，宁爱平，等. 混沌布谷鸟搜索算法在谐波估计中的应用［J］. 计算机应用，2017，37(1)：239-243.

［50］马英辉，吴一全. 利用混沌布谷鸟优化的二维 Renyi 灰度熵图像阈值选取［J］. 智能系统学报，2018，13(1)：152-158.

［51］Ishak Boushaki S，Kamel N，Bendjeghaba O. A new quantum chaotic cuckoo search algorithm for data clustering［J］. Expert Systems With Applications，2018，96：358-372.

［52］El-Abd M. Global-best brain storm optimization algorithm［J］. Swarm and Evolutionary Computation，2017，37：27-44.

[53] Yang X S, Deb S, Fong S. Metaheuristic algorithms: Optimal balance of intensification and diversification[J]. Applied Mathematics & Information Sciences, 2014, 8(3): 977-983.

[54] Layeb A. A novel quantum inspired cuckoo search for knapsack problems [J]. International Journal of Bio-Inspired Computation, 2011, 3(5): 297.

[55] Ouaarab A, Ahiod B, Yang X S. Discrete cuckoo search algorithm for the travelling salesman problem[J]. Neural Computing and Applications, 2014, 24(7/8): 1659-1669.

[56] Chandrasekaran K, Simon S P. Multi-objective scheduling problem: Hybrid approach using fuzzy assisted cuckoo search algorithm[J]. Swarm and Evolutionary Computation, 2012, 5: 1-16.

[57] Yang X S. Cuckoo search for inverse problems and simulated-driven shape optimization [J]. Journal of Computational Methods in Sciences and Engineering, 2012, 12(1/2): 129-137.

[58] Layeb A, Boussalia S R. A novel quantum inspired cuckoo search algorithm for bin packing problem[J]. International Journal of Information Technology and Computer Science, 2012, 4(5): 58-67.

[59] Palanisamy C, Kumaresan T. E-mail spam classification using S-cuckoo search and support vector machine[J]. International Journal of Bio-Inspired Computation, 2017, 9 (3): 142.

[60] Chandra Pandey A, Singh Rajpoot D, Saraswat M. Twitter sentiment analysis using hybrid cuckoo search method[J]. Information Processing & Management, 2017, 53 (4): 764-779.

[61] Valian E, Mohanna S, Tavakoli S. Improved cuckoo search algorithm for feed forward neural network training [J]. International Journal of Artificial Intelligence & Applications, 2011, 2(3): 36-43.

[62] Gandomi A H, Yang X S, Alavi A H. Cuckoo search algorithm: a metaheuristic approach to solve structural optimization problems[J]. Engineering With Computers, 2013, 29(1): 17-35.

[63] Yang X S, Deb S. Multiobjective cuckoo search for design optimization[J]. Computers & Operations Research, 2013, 40(6): 1616-1624.

[64] Thirugnanasambandam K, Prakash S, Subramanian V, et al. Reinforced cuckoo search algorithm-based multimodal optimization [J]. Applied Intelligence, 2019, 49 (6): 2059-2083.

[65] Karaboga D, Basturk B. A powerful and efficient algorithm for numerical function

optimization: artificial bee colony (ABC) algorithm[J]. Journal of Global Optimization, 2007, 39(3): 459-471.

[66] Karaboga D, Basturk B. Artificial bee colony (ABC) optimization algorithm for solving constrained optimization problems [C]//Foundations of Fuzzy Logic and Soft Computing, 2007.DOI: 10.1007/978-3-540-72950-1_77.

[67] Karaboga D, Akay B. A comparative study of artificial bee colony algorithm[J]. Applied Mathematics and Computation, 2009, 214(1): 108-132.

[68] Awadallah M A, Al-Betar M A, Bolaji A L, et al. Natural selection methods for artificial bee colony with new versions of onlooker bee[J]. Soft Computing, 2019, 23 (15): 6455-6494.

[69] Aslan S. Time-based information sharing approach for employed foragers of artificial bee colony algorithm[J]. Soft Computing, 2019, 23(16): 7471-7494.

[70] Zhu G P, Kwong S. Gbest-guided artificial bee colony algorithm for numerical function optimization[J]. Applied Mathematics and Computation, 2010, 217(7): 3166-3173.

[71] Banharnsakun A, Achalakul T, Sirinaovakul B. The best-so-far selection in artificial bee colony algorithm[J]. Applied Soft Computing, 2011, 11(2): 2888-2901.

[72] Gao W F, Liu S Y. A modified artificial bee colony algorithm[J]. Computers & Operations Research, 2012, 39(3): 687-697.

[73] Akay B, Karaboga D. A modified artificial bee colony algorithm for real-parameter optimization[J]. Information Sciences, 2012, 192: 120-142.

[74] Kıran M S, Fındık O. A directed artificial bee colony algorithm[J]. Applied Soft Computing, 2015, 26: 454-462.

[75] Gherboudj A, Layeb A, Chikhi S. Solving 0-1 knapsack problems by a discrete binary version of cuckoo search algorithm [J]. International Journal of Bio-Inspired Computation, 2012, 4(4): 229.

[76] Ouyang X X, Zhou Y Q, Luo Q F, et al. A novel discrete cuckoo search algorithm for spherical traveling salesman problem[J]. Applied Mathematics & Information Sciences, 2013, 7(2): 777-784.

[77] Meng T, Pan Q K. An improved fruit fly optimization algorithm for solving the multidimensional knapsack problem[J]. Applied Soft Computing, 2017, 50: 79-93.

[78] Liu X H, Shi Y, Xu J. Parameters tuning approach for proportion integration differentiation controller of magnetorheological fluids brake based on improved fruit fly optimization algorithm[J]. Symmetry, 2017, 9(7): 109.

[79] 杨帆, 王小兵, 邵阳. 改进型果蝇算法优化的灰色神经网络变形预测[J]. 测绘科学,

2018，43(2)：63-69.

[80] Srivastava P R, Khandelwal R, Khandelwal S, et al. Automated test data generation using cuckoo search and tabu search (CSTS) algorithm[J]. Journal of Intelligent Systems, 2012, 21(2)：195-224. DOI：10.1515/jisys-2012-0009

[81] Li G Q, Niu P F, Xiao X J. Development and investigation of efficient artificial bee colony algorithm for numerical function optimization[J]. Applied Soft Computing, 2012, 12(1)：320-332.

[82] Xu Y F, Fan P, Yuan L. A simple and efficient artificial bee colony algorithm[J]. Mathematical Problems in Engineering, 2013, 2013：1-9.

[83] Sharma T K, Pant M, Deep A. Modified foraging process of onlooker bees in artificial bee colony[M]//Advances in Intelligent Systems and Computing. India：Springer India, 2012：479-487.

[84] Xiang W L, Ma S F, An M Q. hABCDE：a hybrid evolutionary algorithm based on artificial bee colony algorithm and differential evolution[J]. Applied Mathematics and Computation, 2014, 238：370-386.

[85] Xiang Y, Peng Y M, Zhong Y B, et al. A particle swarm inspired multi-elitist artificial bee colony algorithm for real-parameter optimization[J]. Computational Optimization and Applications, 2014, 57(2)：493-516.

[86] Wang H, Wu Z J, Rahnamayan S, et al. Multi-strategy ensemble artificial bee colony algorithm[J]. Information Sciences, 2014, 279：587-603.

[87] Gao W F, Liu S Y, Huang L L. Enhancing artificial bee colony algorithm using more information-based search equations[J]. Information Sciences, 2014, 270：112-133.

[88] Bansal J C, Sharma H, Arya K V, et al. Self-adaptive artificial bee colony[J]. Optimization, 2014, 63(10)：1513-1532.

[89] Sharma T K, Pant M. Enhancing the food locations in an artificial bee colony algorithm [J]. Soft Computing, 2013, 17(10)：1939-1965.

[90] Loubière P, Jourdan A, Siarry P, et al. A sensitivity analysis method for driving the Artificial Bee Colony algorithm's search process[J]. Applied Soft Computing, 2016, 41：515-531.

[91] Gao W F, Liu S Y. Improved artificial bee colony algorithm for global optimization[J]. Information Processing Letters, 2011, 111(17)：871-882.

[92] Kang F, Li J J, Ma Z Y. Rosenbrock artificial bee colony algorithm for accurate global optimization of numerical functions[J]. Information Sciences, 2011, 181(16)：3508-3531.

[93] Wu B，Qian C H，Ni W H，et al. Hybrid harmony search and artificial bee colony algorithm for global optimization problems[J]. Computers & Mathematics With Applications，2012，64(8)：2621-2634.

[94] Ozturk C，Hancer E，Karaboga D. A novel binary artificial bee colony algorithm based on genetic operators[J]. Information Sciences，2015，297：154-170.

[95] Kefayat M，Lashkar Ara A，Nabavi Niaki S A. A hybrid of ant colony optimization and artificial bee colony algorithm for probabilistic optimal placement and sizing of distributed energy resources[J]. Energy Conversion and Management，2015，92：149-161.

[96] 刘勇，马良. 函数优化的蜂群算法[J]. 控制与决策，2012，27(6)：886-890.

[97] 周新宇，吴志健，邓长寿，等. 一种邻域搜索的人工蜂群算法[J]. 中南大学学报(自然科学版)，2015，46(2)：534-546.

[98] 叶东毅，陈昭炯. 最小属性约简问题的一个有效的组合人工蜂群算法[J]. 电子学报，2015，43(5)：1014-1020.

[99] Li X T，Yin M H. Modified cuckoo search algorithm with self adaptive parameter method[J]. Information Sciences，2015，298：80-97.

[100] Mlakar U，Fister I Jr，Fister I Jr. Hybrid self-adaptive cuckoo search for global optimization[J]. Swarm and Evolutionary Computation，2016，29：47-72.

[101] Wang Z，Li Y Z. Irreversibility analysis for optimization design of plate fin heat exchangers using a multi-objective cuckoo search algorithm[J]. Energy Conversion and Management，2015，101：126-135.

[102] Kanagaraj G，Ponnambalam S G，Jawahar N. A hybrid cuckoo search and genetic algorithm for reliability-redundancy allocation problems[J]. Computers & Industrial Engineering，2013，66(4)：1115-1124.

[103] Ghodrati A，Lotfi S. A hybrid CS/PSO algorithm for global optimization[C]// ACIIDS'12：Proceedings of the 4th Asian conference on Intelligent Information and Database Systems — Volume Part III. 2012：89-98.

[104] 吴亚丽，付玉龙，王鑫睿，等. 目标空间聚类的差分头脑风暴优化算法[J]. 控制理论与应用，2017，34(12)：1583-1593.

[105] 陈山，宋樱，房胜男，等. 基于头脑风暴优化算法的 Wiener 模型参数辨识[J]. 控制与决策，2017，32(12)：2291-2295.

[106] Karaboga D，Akay B. A survey：algorithms simulating bee swarm intelligence[J]. Artificial Intelligence Review，2009，31(1/2/3/4)：61-85.

[107] Peng H，Deng C S，Wu Z J. Best neighbor-guided artificial bee colony algorithm for

continuous optimization problems[J]. Soft Computing, 2019, 23(18): 8723-8740.

[108] Jiang J H, Wu D, Chen Y J, et al. Fast artificial bee colony algorithm with complex network and naive bayes classifier for supply chain network management[J]. Soft Computing, 2019, 23(24): 13321-13337.

[109] Karaboga D, Ozturk C. A novel clustering approach: artificial bee colony (ABC) algorithm[J]. Applied Soft Computing, 2011, 11(1): 652-657.

[110] Karaboga D, Akay B. A modified artificial bee colony (ABC) algorithm for constrained optimization problems[J]. Applied Soft Computing, 2011, 11(3): 3021-3031.

[111] Karaboga D, Kaya E. An adaptive and hybrid artificial bee colony algorithm (aABC) for ANFIS training[J]. Applied Soft Computing, 2016, 49: 423-436.

[112] Menon N, Ramakrishnan R. Brain tumor segmentation in MRI images using unsupervised artificial bee colony algorithm and FCM clustering [C]//2015 International Conference on Communications and Signal Processing (ICCSP). April 2-4, 2015, Melmaruvathur, India. IEEE, 2015: 0006-0009.

[113] Mini S, Udgata S K, Sabat S L. Sensor deployment and scheduling for target coverage problem in wireless sensor networks[J]. IEEE Sensors Journal, 2014, 14(3): 636-644.

[114] Dao T K, Pan T S, Nguyen T T, et al. A compact artical bee colony optimization for topology control scheme in wireless sensor networks[J]. Journal of Information Hiding and Multimedia Signal Processing, 2015, 6(2): 297-310.

[115] Chang W L, Zeng D Z, Chen R C, et al. An artificial bee colony algorithm for data collection path planning in sparse wireless sensor networks[J]. International Journal of Machine Learning and Cybernetics, 2015, 6(3): 375-383.

[116] Hashim H A, Ayinde B O, Abido M A. Optimal placement of relay nodes in wireless sensor network using artificial bee colony algorithm[J]. Journal of Network and Computer Applications, 2016, 64: 239-248.

[117] Karaboga D, Basturk B. On the performance of artificial bee colony (ABC) algorithm [J]. Applied Soft Computing, 2008, 8(1): 687-697.

[118] Zhang C S, Ouyang D T, Ning J X. An artificial bee colony approach for clustering[J]. Expert Systems With Applications, 2010, 37(7): 4761-4767.

[119] Karaboga D, Ozturk C. Fuzzy clustering with artificial bee colony algorithm[J]. Scientific Research and Essays, 2010, 5(14): 1899-1902.

[120] Mezura-Montes E, Velez-Koeppel R E. Elitist artificial bee colony for constrained real-parameter optimization[C]//IEEE Congress on Evolutionary Computation. July 18-

23, 2010, Barcelona, Spain. IEEE, 2010: 1-8.

[121] Yeh W C, Hsieh T J. Solving reliability redundancy allocation problems using an artificial bee colony algorithm[J]. Computers & Operations Research, 2011, 38(11): 1465-1473.

[122] Li J Q, Xie S X, Pan Q K, et al. A hybrid artificial bee colony algorithm for flexible job shop scheduling problems[J]. International Journal of Computers Communications & Control, 2011, 6(2): 286.

[123] Szeto W Y, Wu Y Z, Ho S C. An artificial bee colony algorithm for the capacitated vehicle routing problem[J]. European Journal of Operational Research, 2011, 215(1): 126-135.

[124] Kashan M H, Nahavandi N, Kashan A H. DisABC: a new artificial bee colony algorithm for binary optimization[J]. Applied Soft Computing, 2012, 12 (1): 342-352.

[125] Zhou J Z, Liao X, Ouyang S, et al. Multi-objective artificial bee colony algorithm for short-term scheduling of hydrothermal system[J]. International Journal of Electrical Power & Energy Systems, 2014, 55: 542-553.

[126] Yuan X H, Wang P T, Yuan Y B, et al. A new quantum inspired chaotic artificial bee colony algorithm for optimal power flow problem [J]. Energy Conversion and Management, 2015, 100: 1-9.

[127] Chen J, Yu W Y, Tian J, et al. Image contrast enhancement using an artificial bee colony algorithm[J]. Swarm and Evolutionary Computation, 2018, 38: 287-294.

[128] Yang X S, Deb S, Fong S, et al. Swarm intelligence: today and tomorrow[C]//2016 3rd International Conference on Soft Computing & Machine Intelligence (ISCMI). November 23-25, 2016, Dubai, United Arab Emirates. IEEE, 2016: 219-223.

[129] Govindan K, Jafarian A, Nourbakhsh V. Designing a sustainable supply chain network integrated with vehicle routing: a comparison of hybrid swarm intelligence metaheuristics[J]. Computers & Operations Research, 2019, 110: 220-235.

[130] He M W, Hu Y B, Chen H N, et al. Lifecycle coevolution framework for many evolutionary and swarm intelligence algorithms fusion in solving complex optimization problems[J]. Swarm and Evolutionary Computation, 2019, 47: 3-20.

[131] Mavrovouniotis M, Li C H, Yang S X. A survey of swarm intelligence for dynamic optimization: algorithms and applications[J]. Swarm and Evolutionary Computation, 2017, 33: 1-17.

[132] Hosseini H S. The intelligent water drops algorithm: a nature-inspired swarm-based

optimization algorithm[J]. International Journal of Bio-Inspired Computation, 2009, 1 (1/2): 71.

[133] Tayarani-N M H, Akbarzadeh-T M R. Magnetic optimization algorithms a new synthesis[C]//2008 IEEE Congress on Evolutionary Computation (IEEE World Congress on Computational Intelligence). June 1-6, 2008, Hong Kong, China. IEEE, 2008: 2659-2664.

[134] Tan Y, Zhu Y C. Fireworks algorithm for optimization[M]//Lecture Notes in Computer Science. Berlin, Heidelberg: Springer Berlin Heidelberg, 2010: 355-364.

[135] Shi Y H. Brain storm optimization algorithm in objective space[J]. 2015 IEEE Congress on Evolutionary Computation (CEC), 2015: 1227-1234.

[136] Li X L. A new intelligent optimization-artificial fish swarm algorithm[D]. Hangzhou: Zhejiang University, 2003.

[137] Yang X S. A new metaheuristic bat-inspired algorithm[J]. Computer Knowledge & Technology, 2010, 284: 65-74.

[138] Pan W T. A new fruit fly optimization algorithm: taking the financial distress model as an example[J]. Knowledge-Based Systems, 2012, 26: 69-74.

[139] Duan H B, Qiao P X. Pigeon-inspired optimization: a new swarm intelligence optimizer for air robot path planning[J]. International Journal of Intelligent Computing and Cybernetics, 2014, 7(1): 24-37.

[140] Brezočnik L, Fister I Jr, Podgorelec V. Swarm intelligence algorithms for feature selection: a review[J]. Applied Sciences, 2018, 8(9): 1521.

[141] Reynolds A M, Frye M A. Free-flight odor tracking in drosophila is consistent with an optimal intermittent scale-free search[J]. PLoS One, 2007, 2(4): e354.

[142] Rajabioun R. Cuckoo optimization algorithm[J]. Applied Soft Computing, 2011, 11 (8): 5508-5518.

[143] Yang X S. Cuckoo search and firefly algorithm: overview and analysis cuckoo search and firefly algorithm, 2014: 1-26. DOI: 10.1007/978-3-319-02141-6_1.

[144] Fister I Jr, Yang X S, Fister D, et al. Cuckoo search: a brief literature review[M]// Cuckoo Search and Firefly Algorithm. Cham: Springer International Publishing, 2013: 49-62.

[145] Yang X S, Deb S. Cuckoo search: recent advances and applications[J]. Neural Computing and Applications, 2014, 24(1): 169-174.

[146] Sakthidasan S K, Vasudevan N, Kumara G D P, et al. Efficient image de-noising technique based on modified cuckoo search algorithm[J]. Journal of Medical Systems,

2019，43(10)：307.

[147] 李坤，黎明，陈昊. 进化算法的困难性理论研究进展[J]. 电子学报，2014，42(2)：383-390.

[148] Hooke R，Jeeves T A. "direct search" solution of numerical and statistical problems [J]. Journal of the ACM，1961，8(2)：212-229.

[149] Suganthan P N，Hansen N，Liang J，et al. Problem definitions and evaluation criteria for the CEC 2005 special session on real-parameter optimization[R]. Singapore：Nanyang Technological University，2005.

[150] Kaswan K S，Choudhary S，Sharma K. Applications of artificial bee colony optimization technique：Survey[C]//2015 2nd International Conference on Computing for Sustainable Global Development (INDIACom). March 11-13，2015，New Delhi，India. IEEE，2015：1660-1664.

[151] Kuo R J，Zulvia F E. Automatic clustering using an improved artificial bee colony optimization for customer segmentation[J]. Knowledge and Information Systems，2018，57(2)：331-357.

[152] Yu G，Zhou H Z，Wang H. Improving artificial bee colony algorithm using a dynamic reduction strategy for dimension perturbation [J]. Mathematical Problems in Engineering，2019，2019：1-11.

[153] Karaboga D，Aslan S. Discovery of conserved regions in DNA sequences by artificial bee colony (ABC) algorithm based methods[J]. Natural Computing，2019，18(2)：333-350.

[154] Öztürk C，Aslan S. A new artificial bee colony algorithm to solve the multiple sequence alignment problem [J]. International Journal of Data Mining and Bioinformatics，2016，14(4)：332.

[155] Rubio-Largo Á，Vega-Rodríguez M A，González-Álvarez D L. Hybrid multiobjective artificial bee colony for multiple sequence alignment[J]. Applied Soft Computing，2016，41：157-168.

[156] Lin W C，Xu J Y，Bai D Y，et al. Artificial bee colony algorithms for the order scheduling with release dates[J]. Soft Computing，2019，23(18)：8677-8688.

[157] Aslan S，Badem H，Karaboga D. Improved quick artificial bee colony (iqABC) algorithm for global optimization[J]. Soft Computing，2019，23(24)：13161-13182.

[158] Karaboga D，Aslan S. A discrete artificial bee colony algorithm for detecting transcription factor binding sites in DNA sequences [J]. Genetics and Molecular Research：GMR，2016，15(2). DOI：10.4238/gmr.15028645.

[159] Beekman M, Fathke R L, Seeley T D. How does an informed minority of scouts guide a honeybee swarm as it flies to its new home? [J]. Animal Behaviour, 2006, 71(1): 161-171.

[160] Li J C, Sayed A H. Modeling bee swarming behavior through diffusion adaptation with asymmetric information sharing [J]. EURASIP Journal on Advances in Signal Processing, 2012, 2012(1): 1-17.

[161] Greggers U, Schöning C, Degen J, et al. Scouts behave as streakers in honeybee swarms[J]. Naturwissenschaften, 2013, 100(8): 805-809.

[162] Spivak M. The wisdom of the hive—the social physiology of honey bee colonies[J]. Annals of the Entomological Society of America, 1996, 89(6): 907-908.

[163] Choi C, Lee J J. Chaotic local search algorithm[J]. Artificial Life and Robotics, 1998, 2(1): 41-47.

[164] Zhu Q B, Yang Z J, Ma W. A quickly convergent continuous ant colony optimization algorithm with scout ants[J]. Applied Mathematics and Computation, 2011, 218(5): 1805-1819.

[165] Gao W F, Liu S Y, Huang L L. A global best artificial bee colony algorithm for global optimization[J]. Journal of Computational and Applied Mathematics, 2012, 236(11): 2741-2753.

[166] Xiang W L, Ma S F, An M Q. hABCDE: A hybrid evolutionary algorithm based on artificial bee colony algorithm and differential evolution[J]. Applied Mathematics and Computation, 2014, 238: 370-386.

[167] Biswas S, Das S, Debchoudhury S, et al. Co-evolving bee colonies by forager migration: a multi-swarm based artificial bee colony algorithm for global search space [J]. Applied Mathematics and Computation, 2014, 232: 216-234.

[168] Liao T J, Aydın D, Stützle T. Artificial bee colonies for continuous optimization: experimental analysis and improvements [J]. Swarm Intelligence, 2013, 7 (4): 327-356.

[169] Gao W F, Liu S Y, Huang L L. A novel artificial bee colony algorithm based on modified search equation and orthogonal learning [J]. IEEE Transactions on Cybernetics, 2013, 43(3): 1011-1024.

[170] Alatas B. Chaotic bee colony algorithms for global numerical optimization[J]. Expert Systems With Applications, 2010, 37(8): 5682-5687.

[171] Xiang W L, An M Q. An efficient and robust artificial bee colony algorithm for numerical optimization [J]. Computers & Operations Research, 2013, 40 (5): 1256-1265.

[172] Bai J Q, Yin G L, Sun Z W. Random weighted hybrid particle swarm optimization algorithm based on second order oscillation and natural selection[J]. Control and Decision, 2012, 27(10): 1459-1464.

[173] Liang J J, Qin A K, Suganthan P N, et al. Comprehensive learning particle swarm optimizer for global optimization of multimodal functions[J]. IEEE Transactions on Evolutionary Computation, 2006, 10(3): 281-295.

[174] Liang J J, Suganthan P N. Dynamic multi-swarm particle swarm optimizer with local search[C]//2005 IEEE Congress on Evolutionary Computation. September 2-5, 2005, Edinburgh, UK. IEEE, 2005: 522-528.

[175] Zhao X C, Lin W Q, Yu C C, et al. A new hybrid differential evolution with simulated annealing and self-adaptive immune operation[J]. Computers & Mathematics With Applications, 2013, 66(10): 1948-1960.

[176] Piotrowski A P. Adaptive memetic differential evolution with global and local neighborhood-based mutation operators [J]. Information Sciences, 2013, 241: 164-194.

[177] Tang K S, Man K F, Kwong S, et al. Genetic algorithms and their applications[J]. IEEE Signal Processing Magazine, 1996, 13(6): 22-37.

[178] Dan S. Biogeography-based optimization[J]. IEEE Transactions on Evolutionary Computation, 2008, 12(6): 702-713.

[179] Krishnanand K N, Ghose D. Detection of multiple source locations using a glowworm metaphor with applications to collective robotics[C]//Proceedings 2005 IEEE Swarm Intelligence Symposium, 2005. SIS 2005. June 8-10, 2005, Pasadena, CA, USA. IEEE, 2005: 84-91.

[180] Koopialipoor M, Ghaleini E N, Tootoonchi H, et al. Developing a new intelligent technique to predict overbreak in tunnels using an artificial bee colony-based ANN[J]. Environmental Earth Sciences, 2019, 78(5): 1-14.

[181] Koopialipoor M, Ghaleini E N, Haghighi M, et al. Overbreak prediction and optimization in tunnel using neural network and bee colony techniques[J]. Engineering With Computers, 2019, 35(4): 1191-1202.

[182] Kang F, Li J J, Li H J. Artificial bee colony algorithm and pattern search hybridized for global optimization[J]. Applied Soft Computing, 2013, 13(4): 1781-1791.

[183] Gao W F, Liu S Y, Huang L L. A novel artificial bee colony algorithm with Powell's method[J]. Applied Soft Computing, 2013, 13(9): 3763-3775.

[184] Reynolds A M. Cooperative random Lévy flight searches and the flight patterns of honeybees[J]. Physics Letters A, 2006, 354(5/6): 384-388.

[185] Reynolds A M，Smith A D，Menzel R，et al. Displaced honey bees perform optimal scale-free search flights[J]. Ecology，2007，88(8)：1955-1961.

[186] Senin N，Colosimo B M，Pacella M. Point set augmentation through fitting for enhanced ICP registration of point clouds in multisensor coordinate metrology[J]. Robotics and Computer-Integrated Manufacturing，2013，29(1)：39-52.

[187] Tam G K L，Cheng Z Q，Lai Y K，et al. Registration of 3D point clouds and meshes：a survey from rigid to nonrigid[J]. IEEE Transactions on Visualization and Computer Graphics，2013，19(7)：1199-1217.

[188] Brown B J，Rusinkiewicz S. Non-rigid global alignment using thin-plate splines[C]// ACM SIGGRAPH 2005 Sketches on — SIGGRAPH '05. July 31-August 4，2005. New York：ACM Press，2005.

[189] 秦红星，徐雷. 基于信息论的 KL-Reg 点云配准算法[J]. 电子与信息学报，2015，37(6)：1520-1524.

[190] 盛庆红，陈姝文，费利佳，等. 基于 Plücker 直线的机载 LiDAR 点云与航空影像的配准[J]. 测绘学报，2015，44(7)：761-767.

[191] Besl P J，McKay N D. A method for registration of 3-D shapes[J]. IEEE Transactions on Pattern Analysis and Machine Intelligence，1992，14(2)：239-256.

[192] Sharp G C，Lee S W，Wehe D K. Maximum-likelihood registration of range images with missing data[J]. IEEE Transactions on Pattern Analysis and Machine Intelligence，2008，30(1)：120-130.

[193] Flöry S，Hofer M. Surface fitting and registration of point clouds using approximations of the unsigned distance function[J]. Computer Aided Geometric Design，2010，27(1)：60-77.

[194] Bouaziz S，Tagliasacchi A，Pauly M. Sparse iterative closest point[J]. Computer Graphics Forum，2013，32(5)：113-123.

[195] Serafin J，Grisetti G. Using extended measurements and scene merging for efficient and robust point cloud registration[J]. Robotics and Autonomous Systems，2017，92：91-106.

[196] Bouaziz S，Tagliasacchi A，Pauly M. Sparse iterative closest point[J]. Computer Graphics Forum，2013，32(5)：113-123.

[197] Tsin Y，Kanade T. A correlation-based approach to robust point set registration[C]// Computer Vision — ECCV 2004，2004. DOI：10.1007/978-3-540-24672-5_44.

[198] Jian B，Vemuri B C. A robust algorithm for point set registration using mixture of Gaussians[C]//Tenth IEEE International Conference on Computer Vision（ICCV'05）Volume 1. October 17-21，2005，Beijing，China. IEEE，2005：1246-1251.

［199］Li Q S，Xiong R，Vidal-Calleja T. A GMM based uncertainty model for point clouds registration［J］. Robotics and Autonomous Systems，2017，91：349-362.

［200］Myronenko A，Song X B. Point set registration：coherent point drift［J］. IEEE Transactions on Pattern Analysis and Machine Intelligence，2010，32(12)：2262-2275.

［201］Jian B，Vemuri B C. Robust point set registration using Gaussian mixture models［J］. IEEE Transactions on Pattern Analysis and Machine Intelligence，2011，33（8）：1633-1645.

［202］Gold S，Rangarajan A，Lu C P，et al. New algorithms for 2D and 3D point matching：Pose estimation and correspondence［J］. Pattern Recognition，1998，31（8）：1019-1031.

［203］Chui H，Rangarajan A. A feature registration framework using mixture models［C］//Proceedings IEEE Workshop on Mathematical Methods in Biomedical Image Analysis. MMBIA-2000（Cat. No. PR00737）. June 12-12，2000，Hilton Head，SC，USA. IEEE，2000：190-197.

［204］Chui H L，Rangarajan A. A new point matching algorithm for non-rigid registration［J］. Computer Vision and Image Understanding，2003，89(2/3)：114-141.

［205］Lombaert H，Grady L，Polimeni J R，et al. FOCUSR：feature oriented correspondence using spectral regularization：a method for precise surface matching［J］. IEEE Transactions on Pattern Analysis and Machine Intelligence，2013，35(9)：2143-2160.

［206］Lipman Y，Yagev S，Poranne R，et al. Feature matching with bounded distortion［J］. ACM Transactions on Graphics，2014，33(3)：1-14.

［207］Yang J Q，Cao Z G，Zhang Q. A fast and robust local descriptor for 3D point cloud registration［J］. Information Sciences，2016，346/347：163-179.

［208］Xu S Y，Zhu J H，Li Y C，et al. Effective scaling registration approach by imposing emphasis on scale factor［J］. Electronics Letters，2018，54(7)：422-424.

［209］马卫，孙正兴. 采用搜索趋化策略的布谷鸟全局优化算法［J］. 电子学报，2015，43(12)：2429-2439.

［210］Ma W，Sun Z X，Li J L，et al. An improved artificial bee colony algorithm based on the strategy of global reconnaissance［J］. Soft Computing，2016，20(12)：4825-4857.

［211］Ma W，Sun Z X，Li J L，et al. An artificial bee colony algorithm guided by lévy flights disturbance strategy for global optimization［C］//Proceedings of the Second International Conference on Mechatronics and Automatic Control，2015. DOI：10. 1007/978-3-319-13707-0_54.

［212］Zhu Q B，Yang Z J，Ma W. A quickly convergent continuous ant colony optimization algorithm with Scout Ants[J]. Applied Mathematics and Computation, 2011, 218(5): 1805-1819.

[213] Santamaría J, Damas S, Cordón O, et al. Self-adaptive evolution toward new parameter free image registration methods[J]. IEEE Transactions on Evolutionary Computation, 2013, 17(4): 545-557.

[214] García-Torres J M, Damas S, Cordón O, et al. A case study of innovative population-based algorithms in 3D modeling: artificial bee colony, biogeography-based optimization, harmony search[J]. Expert Systems With Applications, 2014, 41(4): 1750-1762.

[215] Geem Z W, Kim J H, Loganathan G V. A new heuristic optimization algorithm: harmony search[J]. SIMULATION, 2001, 76(2): 60-68.

[216] 段德全, 李俊芬, 申培萍. 基于粒子群优化算法的散乱点云数据配准[J]. 广西师范大学学报(自然科学版), 2008, 26(3): 226-229.

[217] 张晓娟, 李忠科, 王先泽, 等. 基于遗传算法的点云数据配准[J]. 计算机工程, 2012, 38(21): 214-217.

[218] Phan H V, Lech M, Nguyen T D. Registration of 3D range images using particle swarm optimization[C]//Advances in Computer Science — ASIAN 2004 Higher-Level Decision Making, 2005: 223-235. DOI: 10.1007/978-3-540-30502-6_16.

[219] Chow C K, Tsui H T, Lee T. Surface registration using a dynamic genetic algorithm [J]. Pattern Recognition, 2004, 37(1): 105-117.

[220] Park M K, Lee S J, Lee K H. Multi-scale tensor voting for feature extraction from unstructured point clouds[J]. Graphical Models, 2012, 74(4): 197-208.

[221] Chen H, Bhanu B. 3D free-form object recognition in range images using local surface patches[J]. Pattern Recognition Letters, 2007, 28(10): 1252-1262.

[222] Mian A, Bennamoun M, Owens R. On the repeatability and quality of keypoints for local feature-based 3D object retrieval from cluttered scenes[J]. International Journal of Computer Vision, 2010, 89(2/3): 348-361.

[223] Zhong Y. Intrinsic shape signatures: a shape descriptor for 3D object recognition[C]// 2009 IEEE 12th International Conference on Computer Vision Workshops, ICCV Workshops. September 27 — October 4, 2009, Kyoto, Japan. IEEE, 2009: 689-696.

[224] 陈杰, 蔡勇, 张建生. 基于熵准则遗传算法的点云配准算法[J]. 计算机应用研究, 2019, 36(1): 316-320.

[225] Yang J Q, Cao Z G, Zhang Q. A fast and robust local descriptor for 3D point cloud registration[J]. Information Sciences, 2016, 346/347: 163-179.